情報を当社 Web サイトに掲載する場合があります．下記の
，サポートの案内をご覧ください．
https://www.morikita.co.jp/support/

するご質問は下記のメールアドレスまでお願いします．なお，
は応じかねますので，あらかじめご了承ください．
editor@morikita.co.jp

た情報の使用から生じるいかなる損害についても，当社およ
を負わないものとします．

数式な

●本書のサポート
URL にアクセス

●本書の内容に関
電話でのご質問に

●本書により得ら
び本書の著者は責

僕にこの本を書くよう仕向けてくれたエリックに捧ぐ

計算をチェックしてくれたテイラーと、
対話篇についてアドバイスをくれたポーシャと、
この本に命を吹き込んでくれたMへの感謝とともに

数学者が
思っていること

数学は面白くて、真理であって、役に立つと（この順に）思っている。

「数学的証明」と呼ばれるプロセスを信頼している。そして、証明することで生まれる知識は大事で、大きな力を宿していると思っている。

原理主義の数学者は、すべて——植物、愛、音楽、何もかも——を（理論上は）数学で理解できると思っている。

モデリング
解析
トポロジー
代数
学校数学
基礎論

目　次

Topology

トポロジー

形

多 様 体

次 元

Shape

数学者は物事を考えぬくのが大好きだ。それを商売にしているようなもの。ふつうの人が一般的に理解している「対称」とか「同一」とかの概念を取り上げては、とことん細かく検討して、そこにもっと深い意味を見いだそうとする。

たとえば形。形とは何かについては、誰もがだいたいわかっている。図形を見れば、それが丸か四角かほかの形かは簡単にわかる。だけど、数学者はそこをこう問う。形とはいったい何か。その形ならではなのはどんなところか。僕らがモノの形を判断するとき、どのくらいの大きさか、どんな色か、何に使うか、どれくらい古いか、どれくらい重いか、誰がここに持ってきたか、部屋を空けるときに誰が持って帰るか、みたいなことは無視する。それなら、無視しないのは何か。何を見て「それは円のような形」とか言うのか。

当たり前だけど、この疑問は生きていく役には立たない。実際問題、形については直感的な理解で十分で、人生のかかった重大な意思決定が「形」という言葉の厳密な定義しだいになるようなことはないだろう。どうしてもヒマになって、形について考えてみる気になったときに、お題として面白いというだけだ。

じゃあ、考えてみる気になったとしよう。たとえばこんな疑問が思い浮かぶかもしれない。

単純このうえない疑問だけど、簡単には答えられない。この疑問には「一般ポアンカレ予想」っていうもっと範囲を限った厳密なバージョンがあって、それが世に出てもう1世紀以上になるけど、解決できた人がいるって話はいまだに聞かない。解決しようとした人はいままでたくさんいたし、十数年前にプロの数学者が証明の大部分を完成させて賞金100万ドルを手にする権利を得てもいる。でも、形のカテゴリーには数えられていないものがまだまだたくさんあって、形がいくつあるのかは、数学界ではまだわかってないことになっている。

この疑問への答えを出しにかかってみよう。形はいくつあるのか？　これといっていいアイデアもないことだし、とにかく形を書き出すところから始めて様子を見るのがよさそうだ。

この疑問への答えは、形をいろんなカテゴリーに分類するときの具体的な分け方に左右されそうだ。大きな円は小さな円と同じ形？　くねくね曲がる線は1つの大きなカテゴリーにくくる？　それとも、くねり方に応じて違う形に分ける？　こうした議論に決着がつくよう、分け方の一般的なルールを決めて、「形っていくつあるの？」が個別の判断にならないようにしなければならない。

そのために役立ちそうなルールはいくつかあって、どれを採り入れても2つの形が同じか違うかをうまく決められる。たとえば、大工や技師の人たちであればとても厳密で正確なルールがいるだろう。長さや角度や曲がり具合がみんなぴったり一致するときに限って、2つの形は同じだとするようなルールが。このルールの延長線上にある数学の分野が幾何学だ。幾何学における形は厳密で変わることがなく、僕らは幾何学のルールのもとで、直角に交わる線を引いたり面積を計算したりしている。

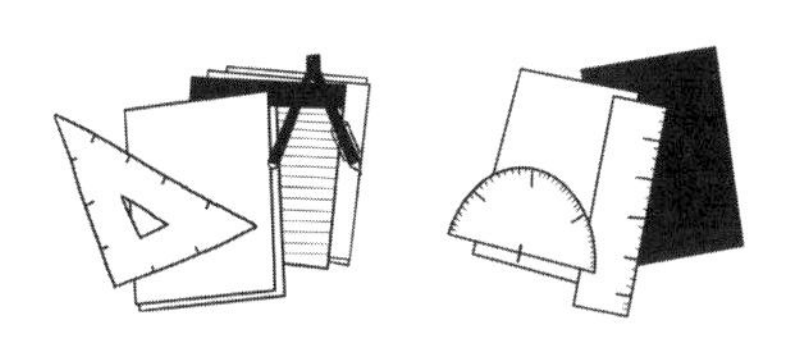

でも、ここではもうちょっとゆるいルールが欲しい。なぜなら、考えられるすべての形を見つけようとしているのであり、無数のいろんなくねくねを分類しているヒマはないから。欲しいのは、どういうときに2つのものを同じ形と見なすかのおおらかなルール、形の世界をほどほどの数の大ざっぱなカテゴリーに分けるルールだ。

新しいルール

2つの形は、一方を引き伸ばしたり縮めたりして、でも引き裂いたりくっつけたりはしないで、もう一方につくり変えられるなら、同じだと見なす。

このルールを中心的な考え方にしているのがトポロジー（位相幾何学）という、幾何学のゆるくてゴキゲンな一分野。トポロジーでの形はどこまでも伸びる薄い素材でできていて、ガムやパン生地のようにひねったり、引っ張ったり、見かけを自由に変えたりできる。形の大きさは問題にされない。

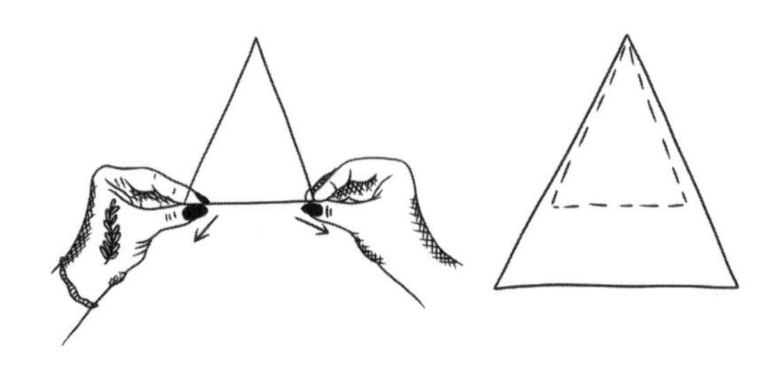

正方形は長方形と同じ、円は楕円と同じだ。

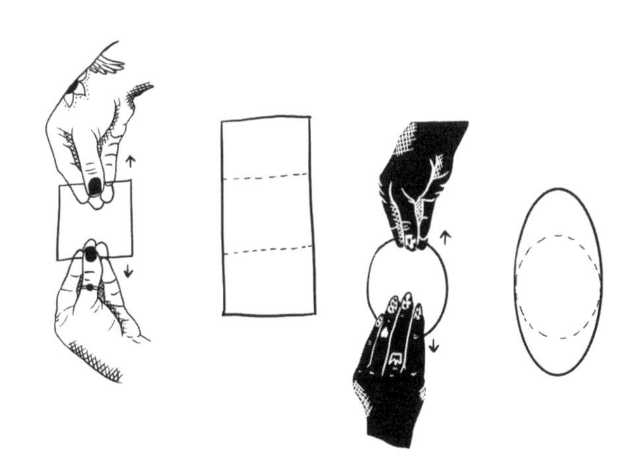

さあ、だんだん妙なことになってくる。この「伸縮自在」ルールをもとにすると、円と正方形は同じ形と見なされるんだ！

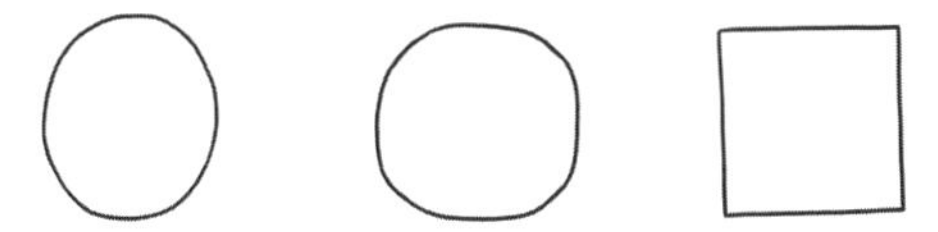

数学の本を読んだら正方形は円だと書いてあった、と親しい誰かに話す前に、忘れないでもらいたいことがある。そうかどうかは状況しだいだってこと。正方形が丸なのはトポロジーでの話。芸術や建築では、そして日常会話でも、もっと言えば一般に言う幾何学においてでさえ、正方形は誰が何と言おうと円じゃない。正方形のタイヤの自転車に乗っても遠くへは行けないだろう。

でも、いまはトポロジー的に考えていて、尖った角（かど）のような取るに足らないささいなところは、どうにでも変形できるから気にしない。長さはどれくらいか、角度は何度か、縁はまっすぐか、曲がっているか、くねっているか、のような上っ面の違いは気にしない。注目するのは核となる根本的な形。ある形が持ついかにもその形らしい基本的な特徴、とも言い換えられる。トポロジスト（位相幾何学者）が正方形や円に目を向けたとき、見えているのは閉じたループだけだ。そのほかはみんな、そのとき伸ばしたり縮めたりした結果にたまたま見られる特徴でしかない。

「ネックレスってどんな形？」と聞かれたときのようなもの。ある持ち方をすると正方形になるし、別の持ち方をすれば円になる。でも、持ち方をどう変えても、ネックレスはいかにもネックレスらしいある形をしていて、正方形、六角形、ハート形、三日月形、滴(しずく)形、七百十六角形などなど、どう見えるように持ったとしても、その基本的な特徴は変わらない。

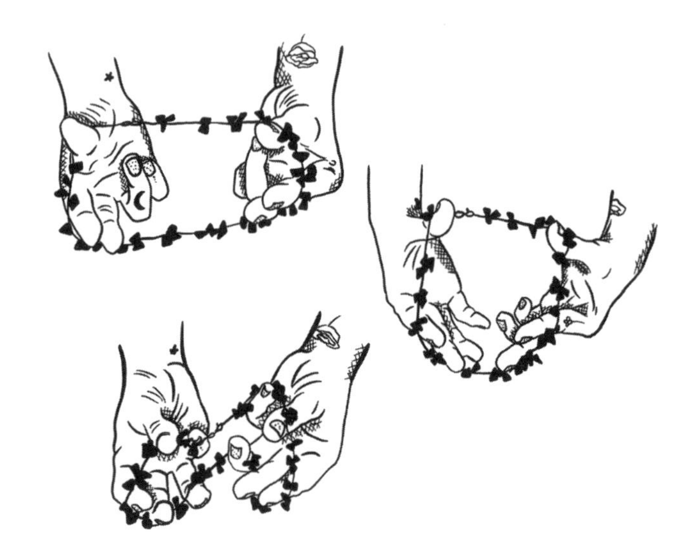

ネックレスはいろいろな形になるから、円と呼ぶのも正方形と呼ぶのもなんか違う。ネックレスの形はとりあえず円とされるこ

ともあるけれど、トポロジーでこの形は正式には「S^1」と呼ばれている。S^1 とはネックレスやブレスレットや輪ゴム、競馬場やサーキット、都市や国の境界線（アメリカの場合はアラスカとかを抜きで）、英文字の O や D みたいな、閉じたループ状の形全般のことだ。正方形が長方形の、円が楕円の特殊なケースなのと同じで、こうした形はどれも S^1 の特殊なケースだ。

形はほかにもあるか？　この伸縮自在ルールがあまりにゆるく、いろんな形が思いがけずぜんぶ 1 つの大きなカテゴリーにまとまってしまうならがっかりだ。でも心配はいらない。そうはならない。円と同じではない形がある。

たとえば線がそうだ。

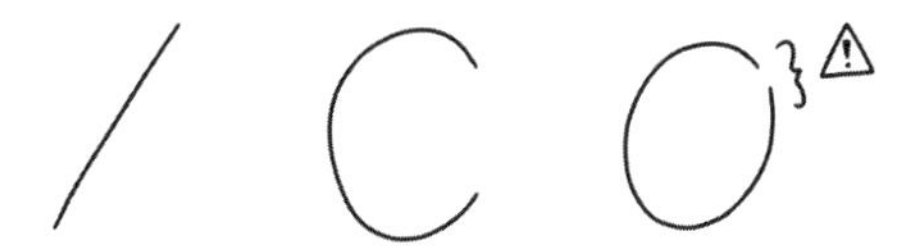

線は曲げるとほとんど円にできるけど、本物の円にするには端点をぴったりくっつけなければいけなくて、それは許されない。線の形をどう変えようと、この形の両端にはこの特殊な点が必ずあって、そこから先はない。端点をなくすことはできない。2 つの端点はいくらでも動かしたり引き離したりしてかまわないけど、端点の存在は線という形の変わらない特徴なんだ。

同じような理由で、8 の字も違う形だ。端点こそないけど、8 の字には線の交わる特殊な点が途中にある。線が 2 本出ているほかのどことも違って、そこからは線が 4 本出ている。見た目は好きなように伸ばしたり縮めたりできるけど、この交点をなくすことはやっぱり許されない。

思えば、「形っていくつあるの？」というそもそもの疑問に答えるための情報はもう十分ある。答えは「無限に」だ。証明しよう。

証　明

次の図に示した形の一群を見てみよう。新しい形はそれぞれ、直前の形に横線を 1 本だけ描き加えてつくられている。

新しい形はその前につくられたどの形よりも交点と端点を多く持っている。なので、どれも現に異なる新しい形のはずだ。この操作を永遠に続ければ、違う形が無限にいくらでもつくれるから、形は無限にある。

納得したかな。違う形を新しく延々とつくり続ける方法をはっきり示せるような、無限個の違う形の一群を見つけさえすれば、証明できるわけだ。

次の図の形についてもまったく同じように証明できる。

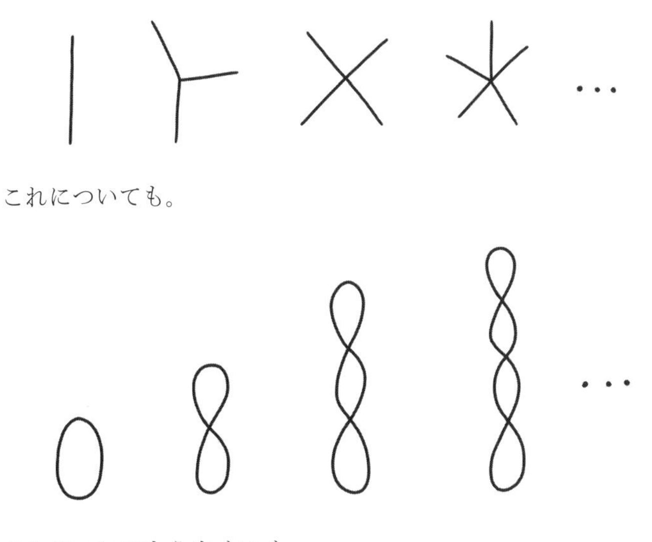

これについても。

これについてもうまくいく。

どう証明するにしても、証明の基本的な進め方は同じだ。何かが無限にあると証明したいので、その何かの違う例をつくり続ける順序だったやり方を説明する。このやり方は「無限族」論法と呼ばれていて、数学では何かが無限に存在することを示したいときにとてもよく使われている。僕はこの論法に説得力があると思っている——どうすれば反論できるかわからない。いくらでも追加し続けられるなら、その類いのものは無限にあるはずだ。

こう思っているのは僕だけじゃない。数学界全体が「無限族」論法を有効な数学的証明と見なしている。似たような証明テクニックはいくつもあって、いろんな状況でさまざまな物事を同じような論法で証明できる。数学にどっぷり漬かりだすと、同じパターンの論法を何度も見かけるようになる。物事を証明する方法としてどれが真っ当かについて、数学者のあいだで意見は（だいたいのところは）一致している。

さっきの証明を受け入れるなら、「形っていくつあるの？」というそもそもの疑問に答えたことになる。その答えが「無限に」だった。たいして面白味はないけど、得られた答えがこれだ。ひとたび問いを立て、論法を決めたら、答えが定まって、あとはそれを探すまでだ。

最初に思い立った疑問から導かれるのが、とびきり興味深い答えや含蓄が深い答えとは限らない。そんなときは、あきらめて別のテーマを探して考えるのもありだし、もっといい疑問を考えるのもありだ。

多様体

Manifolds

形というものは把握しようにも数が多すぎるから、トポロジストは重要な形にだけ注目している。その注目の的が多様体だ。難しそうに聞こえるけど、そうでもない。なにしろ、現に君は多様体の上で暮らしている。多様体は円、線、平面、球面のような滑らかで単純で一様な形のことで、数学や科学では物理空間を扱うときにいつも主役を演じている気がする。

それほど単純なら数学者はもう見つけ尽くしたのでは？　と思ったかもしれないけど、まだだ。トポロジストはそれがとても悔しくて、もっと懸命に取り組まなければと思っている。次の疑問はトポロジー界最大の未解決問題で、この分野の専門家を1世紀以上も面白がらせているし、イラつかせてもいる。

もう少しだけ正確に言うとこうなる。

目標は、文字どおり 1 つずつ数え上げることじゃなく、ぜんぶ見つけ出して、名前を付けて、違う種に分類すること。考えられる多様体ぜんぶの、言ってみれば観察図鑑をまとめあげることだ。

ところで、そもそも多様体って何だろう。多様体の認定ルールはとても厳しくて、ほとんどの形が審査を通らない。

新しいルール

ある形が「多様体」と呼ばれるのは、端点、交点、縁の点、分岐点のような特殊な点を持たない場合だ。どこもかしこも同じでなければいけない。

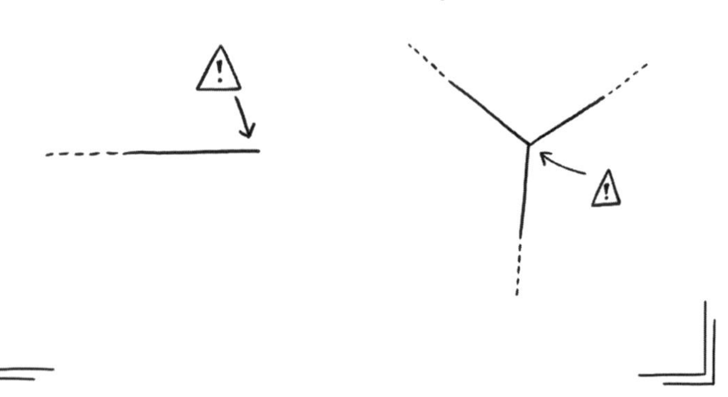

このルールから、〈形〉で紹介したいろんな無限族はどれもあっさり審査に落ちる。線の交差や分岐とかがある形は、多様体とは分類されないんだ。ひょっとすると、「いくつあるの？」という疑問に今度は具体的な答えがあるのかもしれない。決まった有限の値という可能性がありそうだ。楽しみになってきた。

さっきの定義は、ワイヤーフレームのような平たい形に限った話じゃない。多様体は、シートやパン生地のような素材でもつくれる。まあでも君がこの宇宙を、3 次元の多様体だとか、そこで終わりという物理的な境界を持っているとか、それそのものとどこかで交差しているとか考えているなら話は別だけど。

この本ではここから先も、ひもやペーパークリップでつくれる類いのワイヤーフレームのような形について話を進めていく。トポロジーではこうした形を 1 次元と呼ぶ。描かれているページは 2 次元だけど、肝心なのは形の素材だ。

ひもからはどんな多様体をつくれるか。選択肢はあまり多くない。簡単に思いつきそうな形にはたいてい特殊な点がある。

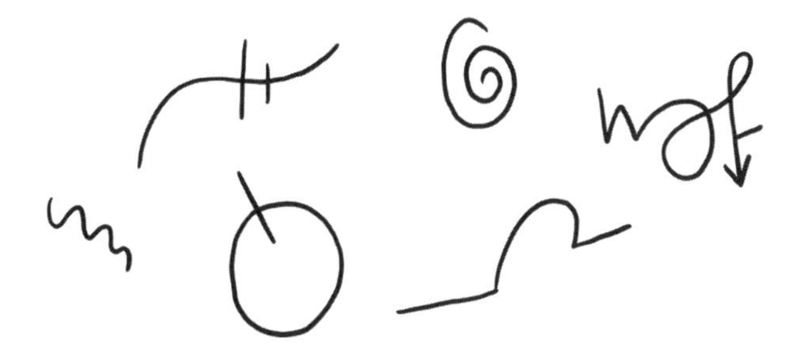

うねりや巻きやとんがりはあってかまわない。均(なら)せるから。本当の意味で問題となるのは端点だ。君なら端点をどうする？

ひも状の多様体には2種類しかない。それが何かをまだ知らないなら、ページをめくる前に少し考えてみよう。

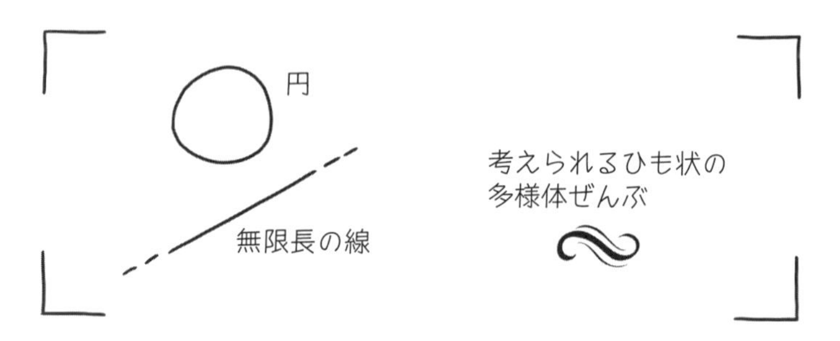

1次元の多様体は円（もうおなじみの S^1）と無限に長い線（R^1 と呼ばれる）だけだ。端点をなくすには、ぐるっと回って戻ってくるようにするか、どこまでも伸ばし続けるしかない。そして、忘れちゃいけないことがある。トポロジーではどんな形も伸縮自在だから、この2つで、閉じたループ状の形とどこまでも続く形とが網羅される。文字どおりの円や直線でなくていい。

1次元についてはこれで終わりだ。うん、悪くない！　これで探す範囲がずいぶんと狭まった。最初の「形っていくつあるの？」

という疑問は話が大きくなりすぎたけど、これなら対処できそうだ。少なくともいまのところはね。じゃあ、次元を1つ上げていい？

2次元では、シート状の素材でできた多様体を探すことになる。覚えているかな。大事なのは素材だ！　2次元の多様体はほとんどがふつうは3次元と見なされるけど、2次元の素材でできていて、肝心なのはそこだ。

じゃあ、シート状の素材からどんな多様体をつくれるか。どこもかしこもシート状で、そこで終わりとなるような縁や断崖絶壁がないものを探そう。前にも言ったけど、人類は多様体の上で暮らしている。地球の表面は球面で、球面は2次元の多様体だ。

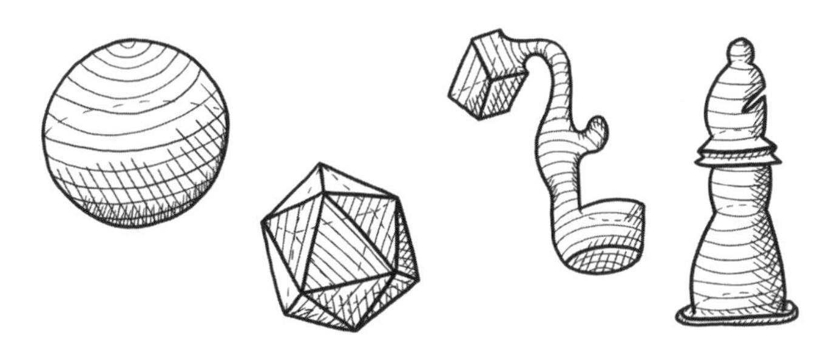

伸縮自在ルールをふまえると、立方体も円錐も円柱も、ありとあらゆる閉じた面が「球面」にあたる。ここで、用語の使い方には要注意。数学で「球面」は面があるだけで中が空っぽの形のことで、中身が詰まっているのは「球体」だ。球体は3次元なので（パン生地のような素材でできている）、しばらく忘れよう。

この一般的な球面形は S^2 と呼ばれている。なんともそれらしい。S^1 である円の、次元が上がったバージョンのようなものだから。同じ戦略を使うと、次に紹介するシート状の多様体を見つけられる。どこまでも続く線にあたるものだ。線の次元を1つ上げたものとも言える。何かと言うと、無限に広い平面のことだ。

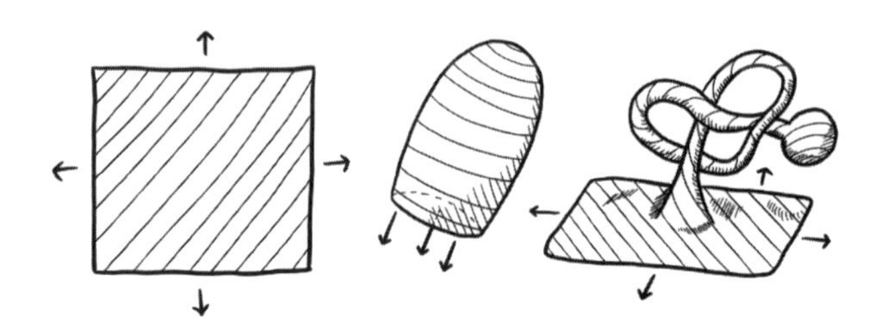

これは R^2 と呼ばれ、空間を2つの無限の領域に分けてどこまでも広がる面がぜんぶこれにあたる。

地球は平らだと考えている人がいるのを知っているかな。あれは理にかなっている。トポロジー的には、だけどね。多様体には特別な点がないから、君がGoogleのストリートビューでどこに置かれたとしても、ほかのどことも区別がつかない。いくらか湾曲しているかもしれないけど、君が十分小さければ気づかないだろう。暮らしているのがどんなシート状の多様体の上でも、真っ平らな平面のように見える（自分のいるあたりは）。

シート状の多様体はこの2つのほかにもある。次元が増えるほど、自由に動ける方向が増えるから。2次元の素材を使うと、ひも状の形には対応するもののない、新しい多様体をつくれる。

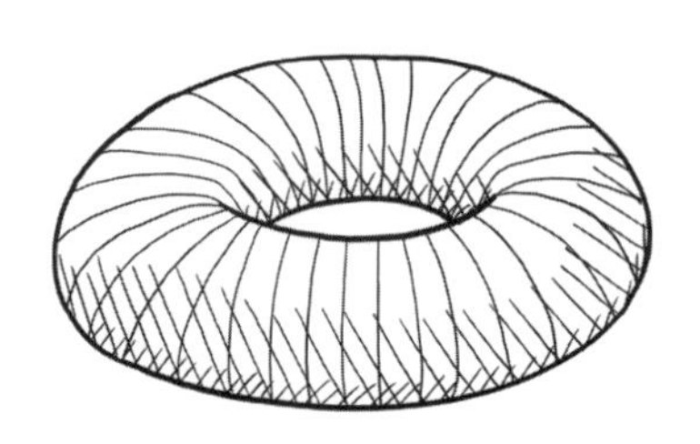

中が空っぽのドーナツは多様体だ。これが新しい多様体だと言えるのは真ん中に穴があるからで、どう伸び縮みさせようとこの穴はなくせない。ところで、この穴はとても興味深い。なにしろ、はっきりした縁がない。紙切れに穴をあけると特殊な点からなる縁ができるけど、それとは違う。このドーナツ穴は紙切れの縁よりも捉えにくい。外からしか見て取れないんだ。ドーナツ形の惑星の表面で暮らしていて、あたりを見渡して穴の存在に気づくことはぜったいにない。球面か平面の上で暮らしているかのように見えるだろう（自分のいるあたりは）。

この新しい多様体はトーラスないし T^2 と呼ばれていて、こうした滑らかな穴があいているものがみんなそうだ。

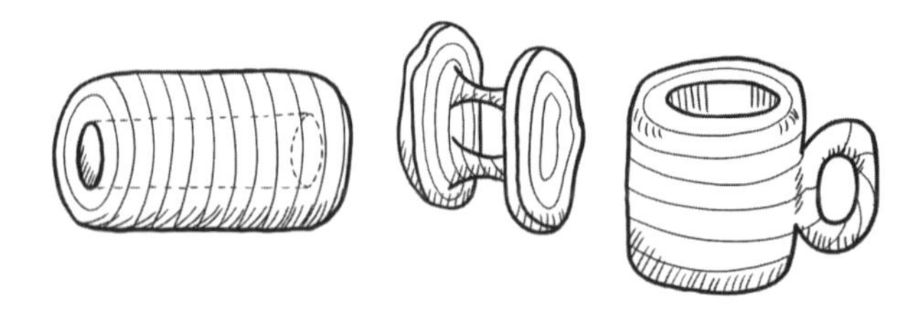

シート状の多様体の話はまだ終わらない。次の図のような2穴のトーラスをつくれる。

なので当然、3穴のトーラス、4穴のトーラス、といくらでもつくれる。トーラスの無限族があるんだ。

ということで、多様体の数は決まった有限の値じゃない。まあいいさ。多様体をぜんぶ見つけてやろうといちいち数え上げているわけじゃなし。やっているのは多様体の分類だ。欲しいのは考えられる多様体ぜんぶのリストであって、そこに無限族がいくつか含まれているくらいはかまわない。抽象的な数学では何かが無限ということはよくあるし、リストがつくれれば十分だ。

それはそうと、2次元の話はなんとまだ終わっていない。シート状の素材でつくれる多様体がほかにもあるんだ。

ただ、ちょっとした問題がある。次に紹介したいシート状の多様体はとても奇妙だ。その名は「実射影平面」。でも、どんなものかは見せられない。僕は見かけを知らないし、それどころか誰も知らない。なぜなら、この宇宙に存在しないし、決して存在できないから。

理由？　存在するのに少なくとも4次元がいるからだ。素材が何であれ、形にはそれぞれ、実在するために最低限必要な次元の数がある。平面は2次元に収まる。球面には3次元が必要だ。「実射影平面」には4次元がいる。

でも、そういうものがあるってどうしてわかっているのか。これについては説明しよう。

円板、つまり内側が詰まっている円を思い浮かべてみよう。円板はシート状の素材でできているけど、縁沿いの点があるから多様体じゃない。でも、円板を2枚持ってきて、それぞれの縁どうしを慎重にとじ合わせると、縁のまったくない1つの形にできる。この2枚が1つの多様体になるんだ。

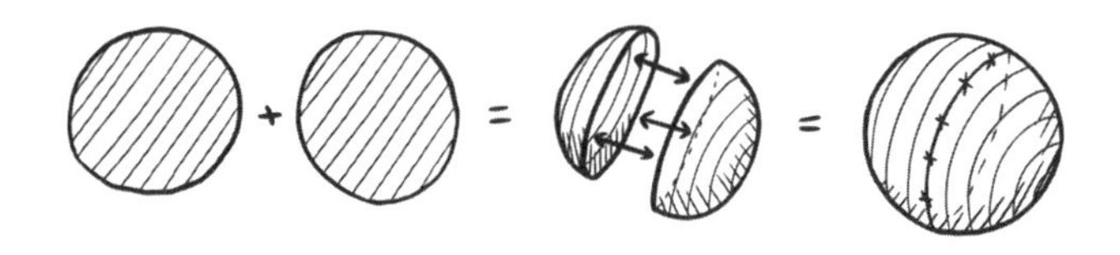

こうしてできる多様体は球面だけど、もう知っているからたいして役には立たない。でも、この基本的な考え方がとても役に立つ。同じ境界を持っている「ほぼ」多様体を2つ用意してとじ合わせると、正真正銘の多様体ができるんだ。

ここで、シート状の素材でできた細長い帯をひとひねりしてつないだものを思い浮かべてみよう。この形には境界が2つあるように見えるかもしれないけど、ひねりが入っているから、実は1つしかない。もし縁を指でなぞってみたら、上下をぐるっとまわって元の位置に戻ってくるだろう。

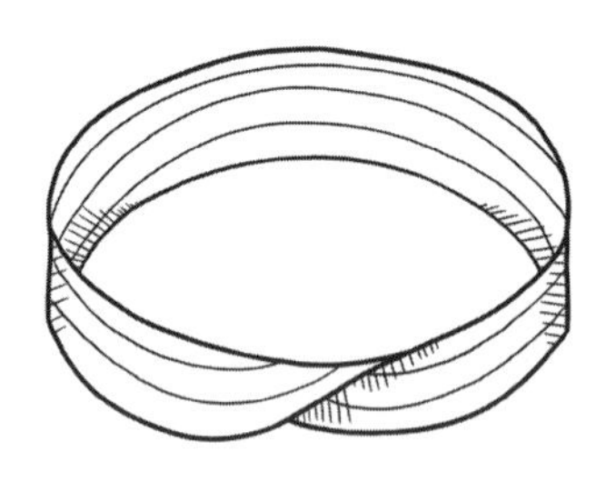

そこで、こんなことを試す。円板の境界の形は S^1(円) で、このひねった帯の境界の形も S^1 だ。この2つをとじ合わせて新しい多様体をつくってみよう。

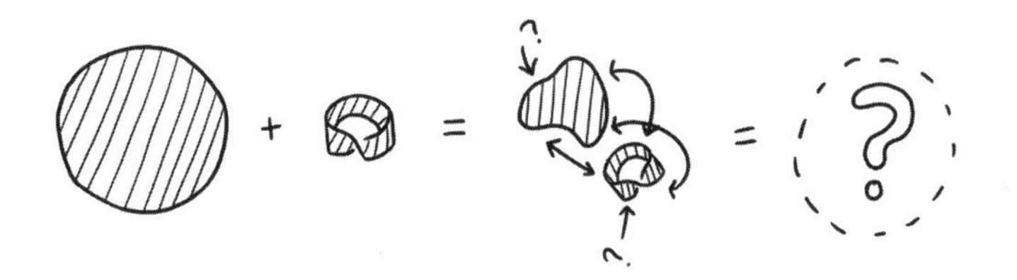

この作業を頭の中でやろうとしても、手を使ってつくるまねをしてみても、すぐさま問題にぶち当たる。円板をひねってそれそのものを通り抜けさせないといけないけど、この操作は許されない（特殊な点があってはいけない)。でも、作業空間が4次元だったら難なくできるだろう。

どういうことか。8の字について考えてみよう。8の字を真っ平らな紙の上に書くと交差ができるね。でも、交差する線の片方を紙から離して3次元空間に持ち上げられるなら、交差させなくて済む。同じことを、1つ上の次元で考えるわけだ。さっきつくったひねりの入った奇妙な多様体は、人間が3次元でしか作業できないから、それそのものを通り抜けるのであって、4次元空間に「持ち上げる」ことができるなら、滑らかで交差のないとてもきれいなシート状の多様体ができあがる。

すごく奇妙だ。これが実射影平面、またの名を RP^2 と言い、僕らをまごつかせる独特な特徴をいくつか持っている。たとえば、球面やトーラスには外側と内側があるけれど、実射影平面に「側」は1つしかなくて、それがひねられて外にも内にもなっている。球面やトーラスにRという文字を書き込んだとすると、どこをどうスライドさせて元の位置に戻しても、見かけはぜったいにRのままだ。でも、実射影平面上をスライドさせると、戻ってきたときЯのように見えることもある。

それでも多様体であって、ルールには何も違反していないから、リストに加えないわけにはいかない。これで球面、平面、すべてのトーラス、そして実射影平面だ。これでぜんぶ？

これでもまだだ。実射影平面にも、ひねりの入ったとてもじゃないが想像できないような平面をなす無限族がある。トーラスを2つ押しつけあうと2穴のトーラスができるのと同じで、実射影平面を2つ押しつけあうと「クラインの壺」と呼ばれる新しい多様体ができる。クラインの壺も、それそのものを通り抜けることなく存在するためには4次元が必要だ。そして、実射影平面を3つ、4つと押しつけあうと、ひねりの入った奇妙な平面からなる無限族ができるんだ。

これでやっと、考えられるシート状の多様体を残らずあげたリストのできあがりだ(巻末参照)。

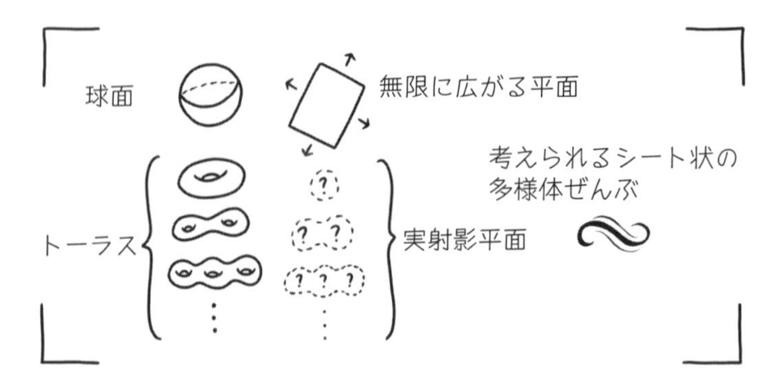

じゃあ、次元をまた1つ上げていいかな？　ダメ？　僕もダメ。4次元の多様体はパン生地のような素材でできていて、いちばんシンプルな類いでも思い浮かべるのは不可能だ。たとえば、超球面ないし S^3 では、その断面が球面だ。ということで、やめにしよう。

多様体を残らずあげて分類することは、数学史上いちばん難しい未解決問題に数えられているんだけど、それもうなずけるんじゃないかな。これほどわかっていないなんて、びっくりだ。10次元まではなんとかなったけどそこで行き詰まっている、という話じゃない——10次元さえほど遠い。ここまで見てきた2次元の先は、どこを見てもわけがわからない。

3次元のパン生地的多様体については、いまではかなりよく理解されている。とはいえ、100年の時間と100万ドルの賞金を要したわりに、2次元までのような文句なしにきれいな分類はまだできていない。5次元以上では、トポロジストは「手術理論」と呼ばれる手法を駆使して新しい多様体をつくっている。

残るは4次元だ。

4次元の場合がどうなっているか、伝えたいけどムリ。本当にわかっている人がこの世にいるかどうかさえ疑わしい。これは妙な境目のケースで、イメージしながら考えるには次元が多すぎるし、手術理論の高度なツールを使うには次元が足りない。4次元の多様体に関するなけなしの知識をまるごと1冊かけてまとめた専門書があるから読んでみたけど、「まえがき」の先はわけがわからなかった。トポロジーの専門家から前に聞いた話では、学部生だったころに4次元多様体を研究テーマにしようとしたら、やめておけって言われたそうだ。

なんともおかしな話だ。たくさんの物理学者が、この宇宙は時間を第4の次元とする4次元多様体としてモデル化するのがいちばんだと考えているというのに。物理学者の言うとおりだとわかったとしたら、トポロジストには4次元の場合をもっとしっかり理解しろという圧力がかかるだろう。人類が宇宙の形を知らないというだけの話じゃない。4次元の多様体を分類し終わるまでは、この宇宙は人類がいまだ考えたこともないような形をしているという可能性を捨てられないんだから。

次　元

Dimensions

数学者が4つめの次元について語るとき、時間については語っていない。語っているのは4つめの幾何学次元についてで、最初の3つとの違いはない。上／下、左／右、前／後があるから、フリム／フラムとでも呼ぼうか〔英語のflim-flamは「でたらめ」の意〕。とにかく何か別のやつだ。

まあでも、あたりを見渡せばよくわかるとおり、この世界に空間次元は3つしかない。僕の言うことを鵜呑みにしないで、証拠を探そう。ジャガイモをさいの目に切りたいなら、包丁は3つの違う向きに入れなければいけない。

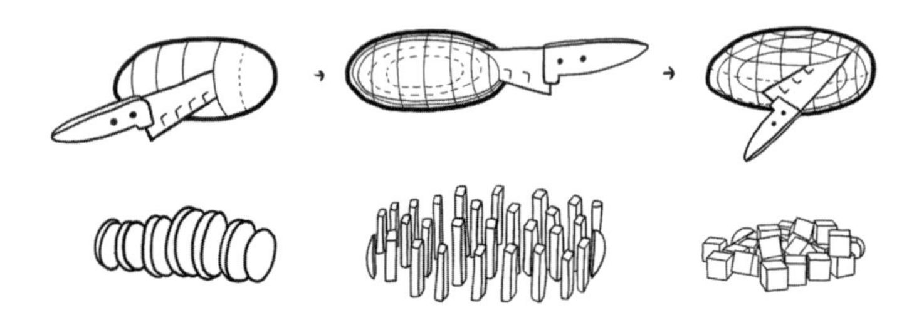

こうも表現できそうだ。2方向にしか移動できないとしよう。すると、空間のほとんどの場所には行けない。どの2方向を選んでも、動ける範囲は決まった平面上に限られる。

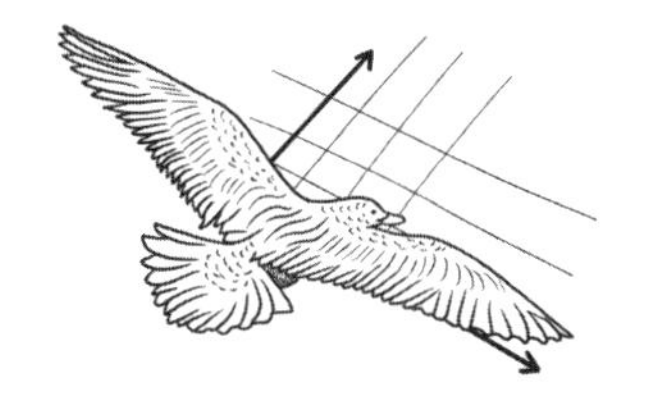

でも、3つめの次元を付け加えると、空をどこへでも飛んで行けるようになる。3次元空間をカバーするには、方向が3ついるわけだ。

考える手掛かりをもう1つ。大きさと形はどんなでもいいから、ポットを思い浮かべよう。大きさがちょうどその2倍の複製をつくったとすると、そこに入る水の量は8倍になる。どの方向にも2倍大きいからだ。

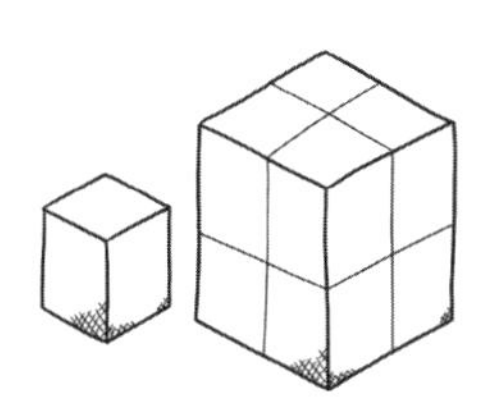

人間にとって次元はどうあがいても3つしかないのに、想像上の4つめの次元について語ることにどんないいことがあるのか。多様体の分類は3次元までで済ませて、そこで切り上げたらどうだろう？　そんな意見に対する反応を2つ紹介しよう。1つは純粋数学者から、もう1つは応用数学者からだ。

純粋数学者から見ると、この疑問は的を外している。多様体を分類しているのは、役に立てるためじゃない。考えられるいろんな形にどんなものがありうるのか、それに興味があるというだけだ！　たまたま暮らしているこの世界に自分を閉じ込める必要はない。数学は一般性があるもの、至るところに当てはまるものであって、想像の産物じゃない。人間に与えられている次元は3つだ。それがどうした。手の指が10本だからって、人間は数えるのをそこでやめているとでも？

シート状の多様体を残らずあげたあのリストは、数学者が書き表す前から何かしらの形でずっとそこにあったし、僕らの文明が歴史に埋もれてどれほど経ったあとでも、あれが残らずあげたリストであることに変わりはないだろう。そう言われたくらいじゃ、高次元にどんな多様体があるのかには興味がわかない？　役に立たないというだけで？　だったら、そもそも興味を持ったきっかけがたいしたものじゃなかったんだろう。

そこへ応用数学者が現れて、トポロジーを役立つツールに仕立てて、純粋数学者の主張を台無しにする。

じつは、トポロジーでいう多様体についての知識はいろんなところで実際に役立っている。高次元の多様体についての知識さえもだ！　この分野が生まれたきっかけも、いまでも研究が続けられているのも、役に立つからじゃないんだけど、実世界のいろんな面を分析するときに、トポロジーの用語とツールが重宝することがとても多いんだ。

役に立つわけを説明しよう。人はえてしてイメージしながら考えるから、抽象的な概念を理解しやすくしようとして、たとえをよく使う。そんな日常表現もたくさんあって、僕らは使っていることを意識すらしていない。プロジェクトを「先へ進める」、家賃が「上がる」、議論が「堂々巡りする」。こうたとえているとき、僕らは実世界の問題をトポロジーの問題に翻訳している。

たとえば、政治について考えてみよう。政治的なイデオロギーはなんとも込み入っていて、誰か2人の考え方を手っ取り早く比べて違いをはっきりさせる方法は、そう簡単にわかることじゃない。ふつうは話をシンプルにするために、イデオロギーを左／右軸上に並べ、たとえば共産主義、社会主義、リベラルと呼ばれる考え方を左のほうに、保守的、反動主義的、ファシスト的な見方を右のほうに置く。

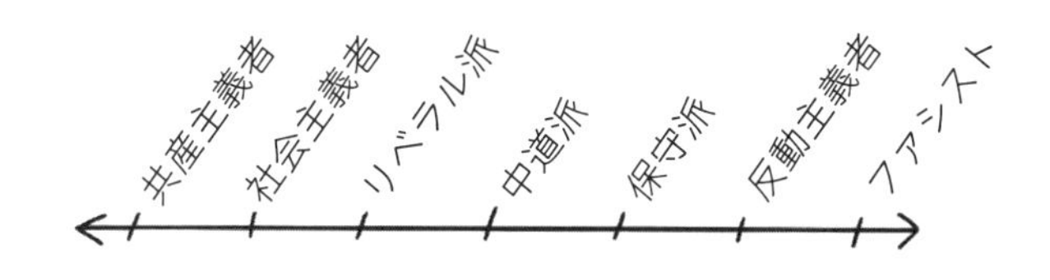

完璧なシステムじゃないけど、イメージしやすいたとえとして役に立つ。こうすると、複雑でいろんな側面があることを、「労働者の権利については誰のほうが左寄りか？」みたいな基本的でイメージしやすい言葉で問えるようになる。当たり前だけど、細かいところはずいぶん抜け落ちる。抽象的なトポロジーの世界とは違って、実世界には混じりっ気なしでむき出しのものはない。でも、大事な情報がいろいろ維持される。

こんなふうなイメージしやすいたとえを思いついたら、トポロジーの用語とツールを何でも使える。イデオロギーを表すのにいちばん適した空間は円か、それとも無限に続く線か？　言い換えると、イデオロギーは循環的？　それともどこまで行ってももっと先がある？　特殊な点ってあるの？　それとも「左端」とか「右端」のような位置があって、誰もがそのどこか中間？

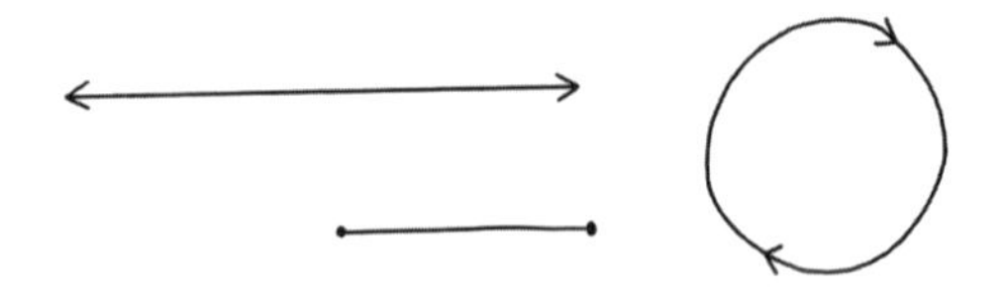

もしかすると、イデオロギーは左／右の1軸には限られない、もっと高次元のものと考えなければいけないのかもしれない。世の中には、社会問題についてはリベラルでも財政問題については保守という人がいる。ということは、イデオロギー空間は少なくとも2次元だ。だとすると、ここで扱っている2次元の多様体はどれか？　2軸とも無限に続く、平面のようなもの？　それとも、一方が閉じた、無限に長い円筒のようなもの？　もしかして、両方閉じた、トーラスのようなもの？（まあ、さすがにトーラスのように両方閉じていたりはしないと思うけど）

どの疑問も、面白そうで好奇心をそそられるだけではない可能性を秘めている。投票行動を予測するとか、住民投票の支持者を探すとかいう、市民のイデオロギーが関わる具体的な目標があるなら、イデオロギー空間のよくできたモデルは大事なツールだ。政治的キャンペーンでは、世論調査を行ってイデオロギー空間での有権者の分布を推定し、それをもとにメッセージをカスタマイズして有権者を獲得しようとする。有権者の投票記録から将来の投票行動を予測する一般的な方法なら政治学者が見つけていて、そこでは有権者ひとりひとりの2次元イデオロギー空間での位置が自動的に決定される。

多様体の分類は、数学以外ではこんなふうに応用されている。抽象数学の問題をひとたび解いておけば、イメージしやすいたとえを何の議論で持ち出すことになっても、空間選びには同じリストを使い回せる。

そして、イメージしやすいたとえを僕らが四六時中使っていることはいくら強調してもしきれない。気温は、高くなったり、低くなったりする。株価は、上がったり、下がったり、青天井になったりする。12 月は、遠い先だったのが、近づいてきて、飛ぶように過ぎ去っていく。これらの言い回しはどれも、システムの状態をある概念空間内の 1 点として表し、システムでのその変化を空間内での物理的な動きとして言い表したものだ。

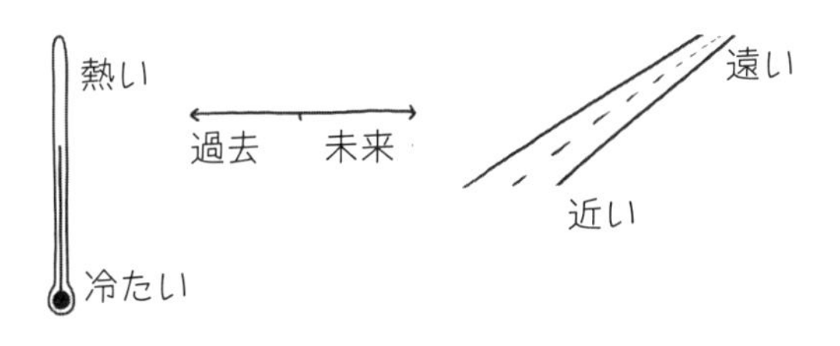

ここまでの例はどれも 1 次元だけど、それでも面白そうな問いをトポロジー的に立てられる。温度には、高低の両方にどこまでも先があるのか、それとも絶対的な冷たさや熱さというものがあるのか？　時間はいつまでも続くものなのか、いつかビッグクランチが起こるのか、それとも循環していて十分長いこと待っていると遠い過去へ行けるのか？

もっと複雑な概念には高次元の多様体を使わなければいけない。とはいえ、実射影平面や、3 穴のトーラスや、4 次元のまだ知られていないとんでもない多様体のような、奇抜なものを使わなければいけないケースは本当にまれだ（物理学で持ち出されることはあるけど、僕の知る限りはそれくらい）。日常生活で目にするたいていのシステムは、線や平面や 3 次元空間のような基本的で平らな空間を使って問題なく記述される。そんなシステムを理解しようとするとき、トポロジー的な疑問と言えば「次元っていくつあるの？」くらいだ。

どのような分野でも、いろんな意見の違いの陰にこの疑問が隠れている。ある概念に注目したとしよう。その次元はいくつあるだろう？

性別は二元的ではなく連続的だ、とはトポロジー的な主張だ。なぜなら、性別空間は1次元（線）であって0次元（2つの別個の点）なんかじゃないと言っている。ほかには、もっと高次元であって、男／女の軸はいくつもある違う軸の1つ、という考え方もあるかもしれない。どんな概念的な枠組みを使うべきかという疑問は、突き詰めると次元の問題ということがある。

ここからは、概念空間の例をいくつか取り上げ、それぞれ何次元の可能性があるかを考えてみよう。

手始めは性格だ。言うまでもないけど、性格は人それぞれで、人どうし比較でき、いろんな形で少しずつ変わっていくこともあるから、イメージしやすいたとえを使いたいところだ。性格にはどんな次元があるだろう？　性格ってどんな要素に分けられる？

性格のモデルはいくつもあって、それぞれもとになっている考え方が違い、使い道が違い、評価のやり方が違う。よく知られている1つがマイヤーズ・ブリッグス性格診断で、そこでは外向／内向、感覚／直感、思考／感情、判断／知覚の4軸が使われている。知名度は劣るけども学問の世界で好まれているのが「ビッグファイブ」とも呼ばれているOCEAN（オーシャン）モデルで、その次元は開放性、誠実性、外向性、協調性、神経症傾向の5つだ。ほかにも、何やら流動的な12種類の性格タイプをもとにしている占星術によると、どの人にもそれぞれのタイプがいろんな形と度合いで現れている。これなんかは12次元空間のようなものと言えなくもない。

このうちどれかのモデルが正しいと思うかもしれないけど、そんなものはない。少なくとも厳密に正しいモデルというものは。僕の知る限り、性格は複雑すぎて、12次元もあったとしてもすっかり記述することはできない。政治的イデオロギーの場合と同じで、ここでは完璧な記述が見つかってほしいと期待しているわけじゃない。性格について語ったり性格を比べたりするための共通の言葉ができるように、基本的な要素をいくつか抜き出したいだけだ。

完璧なモデルはないので、どれもいろんな人からいろんな理由でいろんな使い方をされておかしくない。たとえば、インターネットでのターゲット広告の設計にOCEANモデルを採り入れて、よく考えてから買う人向けとそうでない人向けで製品説明を変えている広告主がいる。OCEANモデルはこの使い方にかなり適しているみたいだけど、性格への関心のもとが客の購入行動の予測じゃないなら、別のモデルを使ってぜんぜんかまわない。

こうしたモデルはどれも4次元以上だけど、それが問題になっていないことは注目していい。それなりの3次元モデルがあれば、ひとりひとりを物理的な3次元空間内の点として表せる。4次元以上になるともちろん表現することなんかできないけど、どういうことなのかは、たとえ12次元空間を具体的に思い浮かべるのが無理でも、なんとなくイメージはできるんじゃないかな。

とてもシンプルな空間の例を1つ。蛇口空間と呼ぶことにしよう。よく見かける蛇口の考えられる設定ぜんぶを表す空間は何次元か。

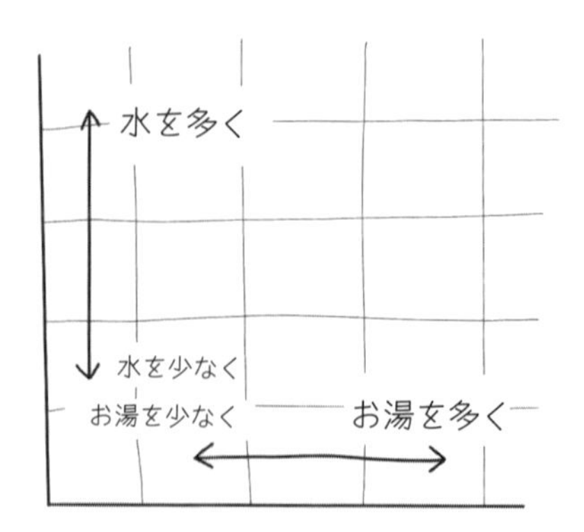

答えは２だ。お湯の量と水の量を選べば、蛇口の設定は尽くされる。こんな感じのシステムの場合、次元の数はダイヤルの数や操作方向の数と同じだ。だから次元は「自由度」と呼ばれることもある。

ところで、蛇口空間にはほかにも切り口がある。蛇口には、つまみが２つじゃないタイプもあるよね。ハンドルが１つで、それを上下に動かして水の量を、左右に動かして温度をコントロールするやつだ。

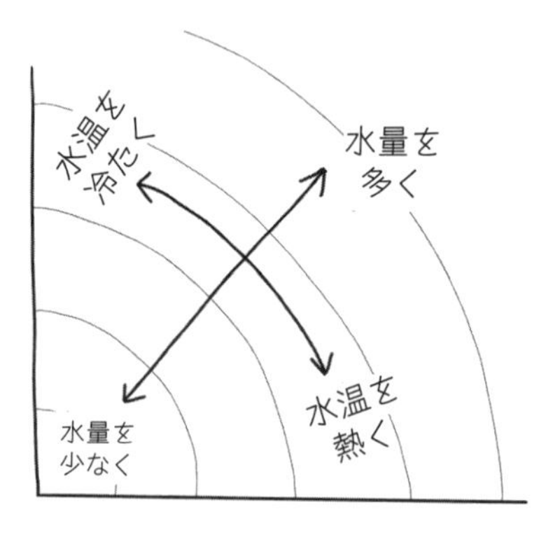

このタイプの蛇口も、つまみ2つのタイプとまったく同じ蛇口空間をカバーしていて、設定できる温度と量に違いはない。同じことをする2つの違うやり方というだけだ。ある水温を選ぶのに、お湯の量と水の量を指定してもいいし、水の量と温度を指定してもいい。どちらにしても、軸は2つで、空間は2次元だ。

例をもう1つ。うちのオーブントースターにはつまみが3つあるんだけど、僕には3ついる理由がわからない。僕の知る限り、コントロールできる変数は温度と「チン」が鳴るまでの時間の2つ。だとしたら2次元空間だ。じゃあ、なんでまたツマミが3つある？　「トースト」と「グリル」と「ベイク」は何が違うっていうんだ？

キッチンの話をしたから、お菓子づくりの話をしよう。レシピにはどれにも小麦粉、バター、卵なんかの量と、オーブンの温度、そして調理時間が指定されている。ということは、どのレシピも、ひとつひとつの軸がそれぞれの材料に対応している高次元空間の1点だと見なせる。ココアパウダーの量を増やしてレシピを変えることは、そのレシピの点のココアパウダー軸方向の位置を原点から遠ざけることにあたる。オーブンの温度を上げたら、温度軸方向の位置を原点から遠ざけた新しいレシピのできあがりだ。

このトポロジーモデルでは、大多数の点がとんでもなくマズいレシピを表している。ベイキングパウダー4キロと卵1個とかね。ベイクの技法を極めることは、この空間内のいろんな点を試しておいしいレシピを見つけるプロセスだと捉えられる。このお菓子づくり空間には「クッキー」と呼ばれる領域や「ケーキ」と呼ばれる領域なんかがあって、「ケーキ」領域の中には「パウンドケーキ」と呼ばれる小領域がある。当たり前だけど、お菓子づくりに関わる変数は材料のほかにもある。たとえば加えるときのバターの柔らかさとか。でも、こうした事柄を次元として付け加えていけば、かなり広い範囲をカバーするお菓子づくりモデルを1つのトポロジー空間としてつくれるかもしれない。このことは想像がつくだろう。

筋金入りの数学者は、この世界は全体が1つの巨大な数学問題だと思っているんだけど、そろそろ君にもその理由が飲み込めてきたかもしれない。複雑な概念も、数学の基本的な概念でかなりよく近似できる。だとすれば、モデルを少し複雑にしたくらいでは万物の厳密な数学的記述にはならない、なんて切って捨てられないのでは？

例を手短にもう3つ。味覚とは、5種類ある舌の味蕾（みらい）に対応した、塩味、甘味、苦味、酸味、うまみの5次元だと言われている。だとすると、いままで体験したことのある味はどれも、塩味の量＋甘味の量＋……と表現できることになる。これは味気ないし還元主義的という気がいくらかする。5次元空間1つにどれくらい広がりがあるかを示すとてもいい例だという見方もできるけど。

それに、味わいをつかまえて「この空間内の1点」と言うのもちょっと違うと思う。タコスをほおばっているときの君は、味覚空間の1点を味わっているんじゃない。いろんな味わいがめまぐるしく移り変わるのを体験している。だから、味わいとは味覚空間内を**動きまわる道すじ**と捉えたほうがじつは正確で、5種類の基本的な味覚という限られた範囲の中にも新しい風味を探しだす余地がおおいにあるのかもしれない。考えてみれば、聴覚の変数は1つ（音高ないし周波数）だけど、僕らを数分ほど夢中にさせる新しい道すじが音高の空間の中で次々と生み出されている。

2つめの例は色、色は3次元だ。このことについては子どものころに、次元という考え方を使わないで習ったんじゃないかな。色は3原色をさまざまに組み合わせてつくれる。人類は色空間が3次元だと、その理由がわかるずいぶん前から知っていた。ヒトの眼には3種類の色受容体があって、それぞれが違う周波数の色を感じやすくできている。眼の中の赤色錐体がある量、緑色錐体がある量、青色錐体がある量だけ反応すると、この組合せで3次元色空間内の1点、つまり色が選びだされる。

お絵描きアプリで色を選ぶためのコントロールが3次元なのはこんなわけからだ。アプリによって、用意されているスライダーは赤、緑、青の3つのことや、色相、彩度、明るさの3つのこと、そして色を表す2次元の円板と明るさのスライダーのこともある。蛇口空間のときと同じで、座標の選び方はいくつもあるけど、どれもまったく同じ色空間をカバーしている。そして、次元のいいところは、どんな座標系を選んでも、空間ごとに次元の数が決まっていることだ。

最後はとんでもなく奇妙な例を。君の予想どおり、実世界と関連のあるこうした空間のほとんどは、ひねりや閉じたループのない、基本的で平らな空間を使ってかなりうまく記述できる。そのむかし、妙な形をした多様体は、おもしろい頭の体操のようなものだと、トポロジストがぜんぶ見つけたいというだけで取り組んでいる対象だと思われていた。それが、物理的に存在するこの宇宙が、そんな妙な空間のどれかかもしれないという話になりだした。

見てわかるとおり、物理空間は3次元だ。そして、時間に次元が1つある。物理学のある分野では、この2つの概念を「時空」

という1つのまとまりとして扱わなければいけなくなっている。友だちとの待ち合わせで時間と場所を決めるように、物理学者は時空の中で起こる事象を4次元の座標で指定する。時空はふつうの4次元空間で、それぞれの次元は直線的、と思っているかもしれないけど、それは違う。少なくとも、時空をふつうの4次元空間でモデル化してみると、それを使った予測は不正確になる。

時空がトーラスや実射影空間のような、曲がっていたりひねりが入っていたりする空間だったとしたら、宇宙をひとまとまりとして考えようとしたとき、現実というもののしくみについて働く僕らの直感はぜんぜん通用しない。この宇宙は球面と同じで、有限だけど境界はないのかもしれない。それとも、膨張しているけどゆくゆく何になるわけでもないのかもしれない。北極点よりも北がないのと同じで、ビッグバンよりも前には本当に何もなかったのかもしれない。タイムトラベルは可能かどうかという疑問や、宇宙のどこか別の場所へ一瞬にして移動できるかどうかというワームホールを巡る疑問は、つまるところ、僕らが具体的にどのような空間で生きているかという話になるのかもしれない。

もちろん、トポロジストはこうした「応用数学」的ナンセンスには一切関わろうとしない。形ぜんぶを見つけてやろうとがんばり続けるだけだ。

月と太陽の数学

東の方角はどちらなのか、そして日の出と日の入りが何時ごろなのかがわかれば、角度から時刻がわかる。

満月が昼に出ることはない。新月が夜に出ることはない。半月は昼夜それぞれの半分の時間に出る。

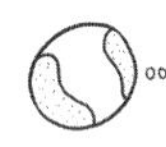

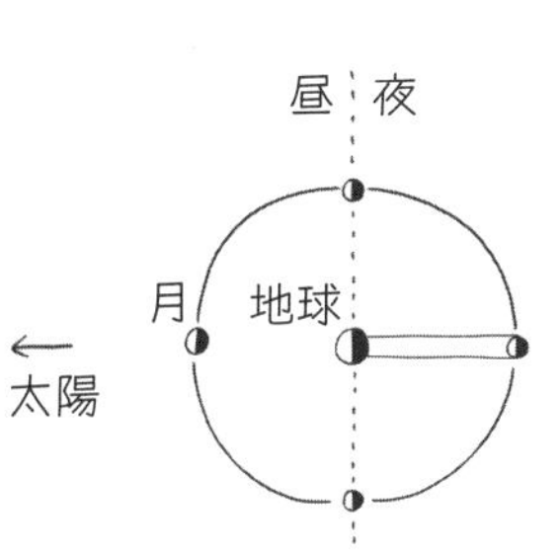

地球から、月は月 100 個分くらい離れたところにある。
太陽は太陽 100 個分くらい離れたところにある。
だから空では見かけの大きさが同じだ。

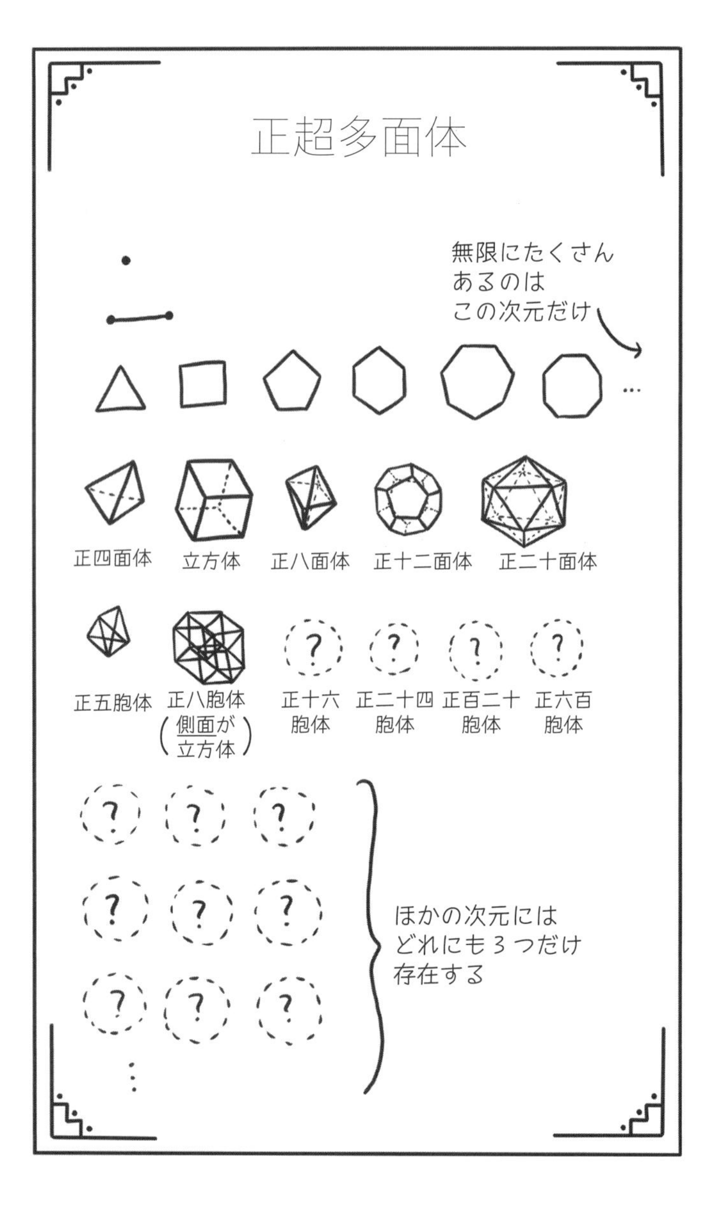
正超多面体
無限にたくさん
あるのは
この次元だけ
正四面体
立方体
正八面体
正十二面体
正二十面体
正五胞体
正八胞体
(側面が立方体)
正十六胞体
正二十四胞体
正百二十胞体
正六百胞体
ほかの次元には
どれにも3つだけ
存在する

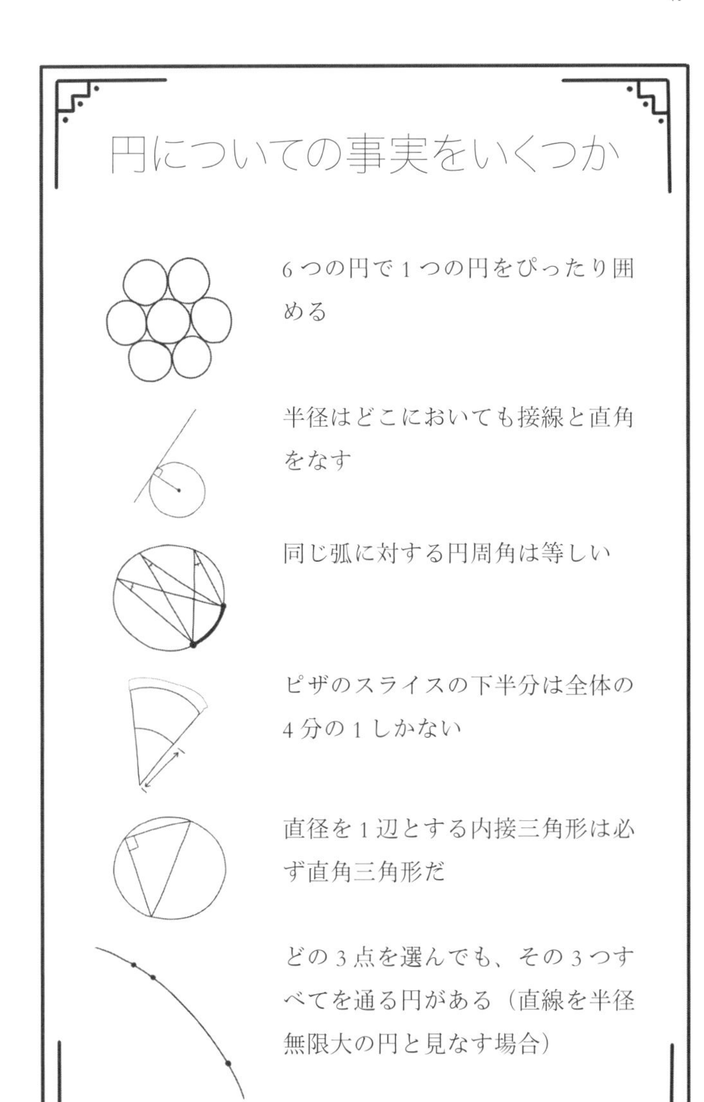

円についての事実をいくつか

6つの円で1つの円をぴったり囲める

半径はどこにおいても接線と直角をなす

同じ弧に対する円周角は等しい

ピザのスライスの下半分は全体の4分の1しかない

直径を1辺とする内接三角形は必ず直角三角形だ

どの3点を選んでも、その3つすべてを通る円がある（直線を半径無限大の円と見なす場合）

Analysis

解　析

無 限 大

連 続 体

写　像

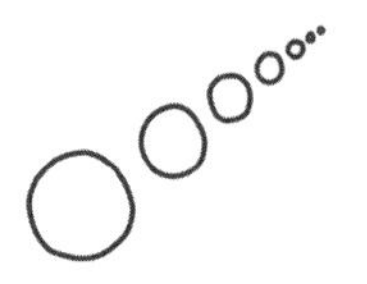

無限大

Infinity

「無限大」って聞いたことあるよね。無限大はどんな数よりも大きい。数えることを休みなく延々と続けたときに向かう先だ。この世にあるものぜんぶの数よりもまだ大きい。

無限大については定番の疑問がある。

無限大よりも大きい何かってあるの？

じつを言うと、これは答えがもう出ている疑問だ。未解決問題でも引っかけ問題でもない。答えは「ある」と「ない」のどちらかで、この話題の終わりまでには教えよう。

さっそく答えを当てにかかってもいいけど、その前にゲームのルールを決めて、これから何について考えていくのかをはっきりさせたほうがいいかもしれない。

具体的には、「よりも大きい」のルールが必要だ。無限大よりも大きい何かを見つけたと思ったとき、どうやって確かめたらいいいか？　有限の量なら、どれがどれよりも大きいかは簡単にわかる。でも、無限大が出てきたときは、同じようにはいかなそうだ。個別の判断には頼りたくないから、ある量が別の量「よりも大きい」と判断するための、確実で間違えようのないルールを決めよう。

ところで、いつもと同じ有限の場合、「よりも大きい」はどう判断するのがふつうだろうか。次の図では右が左よりも大きな集まりだけど、それはつまりどういうことか。

そう、これくらいは一目でわかる。でも、こんな状況を想像してみよう。君はほかの惑星から来た異星人と知り合いになった。その相手にとって、「よりも大きい」や「よりも多い」のような概念は初耳だ。右の集まりのほうが大きいことを、君ならどう説明する？　実際に考えてみよう。この概念は基本的すぎて、言葉でゼロから説明するのは本当に難しい。

行き詰まったとき、数学では「真逆のことを問い、その場合はどうなるかを考える」というのをよくやる。次の図に示した2つの集まりの大きさが同じだと、君なら異星人にどう説明する？

「等しい」という言葉は使えない。それを定義しようとしているんだから。その異星人は、何かと何かが「等しい」とか「同じ」とかいう表現で君が何を言おうとしているのかを理解したがっている。

たとえばこんな説明はどうだろう。2つの集まりをそれぞれ1列に並べて、過不足のない1対1対応をつくれることを示す。この2つは余りを出さずにぴったり対応させられるから同じ大きさ、というわけだ。

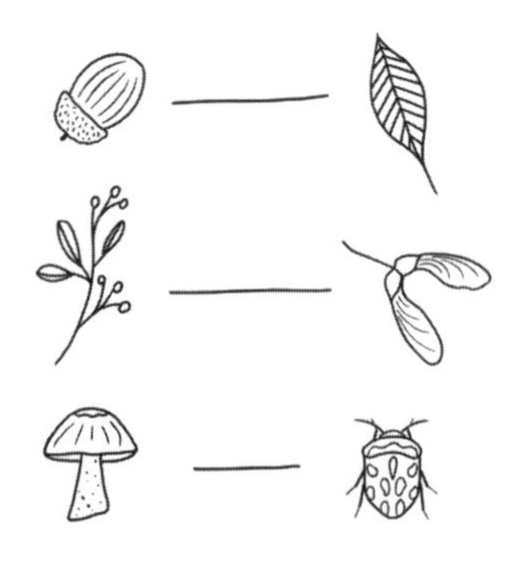

新しいルール

2つの集まりに含まれているものから過不足のない1対1対応をつくれるなら、その2つの大きさは同じだ。

「逆を問う」ワザはうまくいった。「よりも大きい」の定義はこのルールをひっくり返すと手に入る。

新しいルール

2つの集まりに含まれているものから過不足のない1対1対応をつくれないなら、余りの出たほうが出なかったほうよりも大きい。

これで疑問が明快に定義されたので、答えは決まる。無限大よりも大きい何かはあるか？　「ある」と「ない」のどっちだ？　無限大の集まり相手に1対1対応をつくろうとしても余りの出る何かは存在する？　今度はこの新しいルールをもとに予想してみよう。

無限大は、無限の数だけ何かを入れておける底なしの袋に見立てられる。

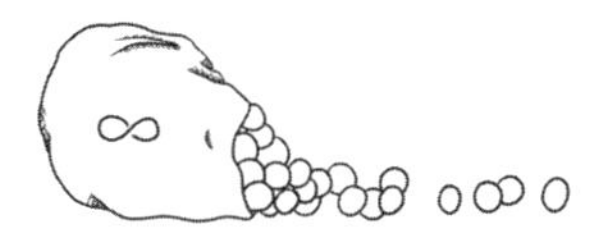

この袋からは何かを有限個、いくつでも取り出せるうえに、袋の中にはまだその何かが必ず無限個残っている。

いったい何ならこれよりも大きい可能性があるだろうか。無限大＋1 なんてどうか。

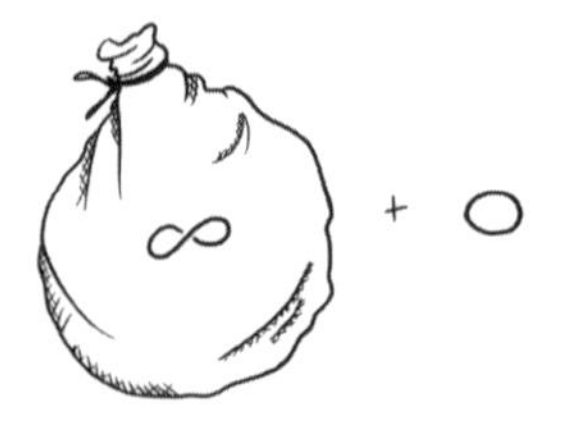

何かが 1 つ増えたところで無限大と比べて違いは出そうにないけど、さっきの 1 対 1 対応のルールをもとに確かめてみよう。まず、無限大袋の中身を 1 列に並べて、対応関係をわかりやすくしよう。

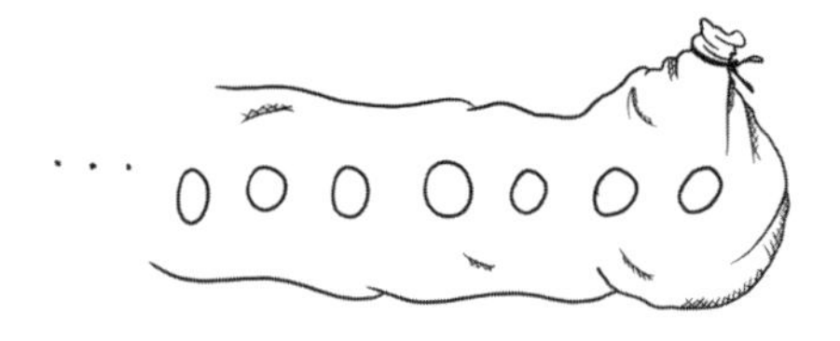

単純なやり方で 1 対 1 対応をつくってみると、無限大＋ 1 のほうが明らかに大きそうだ。

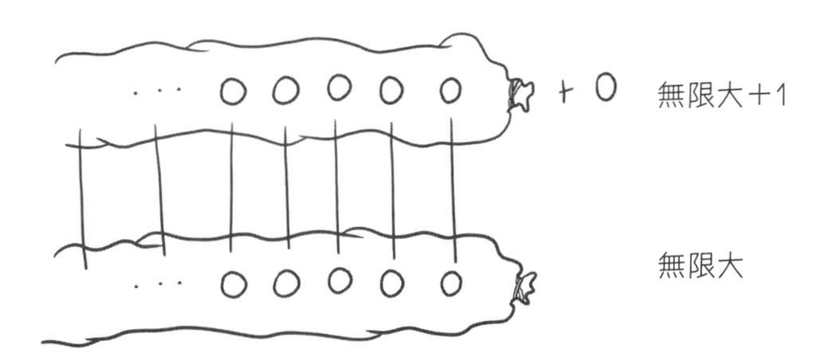

でも要注意！　ルールによれば、何かよりも大きいと言えるのは１対１対応をつくれないときに限られる（ルールに戻って確かめるのはいつだっていいことだ）。どちらの側にも余りを出さずに１対１対応をつくれるやり方は別にある。

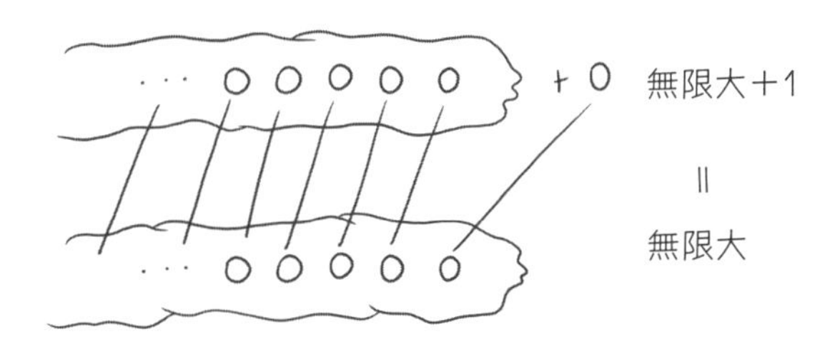

ごまかしだと思うなら、ひと呼吸置いて、そうではないことを確かめよう。図では「○」を「…」と１対１に対応させているわけではなくて、「…」と描いて省略した次の「○」と１対１に対応させている。どちらの袋についても列はどこまでも続くので、相手のない何かはなくて、だから２つの集まりは同じ大きさ。無限大＋１は無限大と等しいのだ！

この結果がどれほど妙なことか、ストーリー仕立てで説明しよう。

君がホテル・インフィニティーというとても特殊なホテルのフロントで働いているところを想像してみよう。ホテル・インフィニティーには客室が無限にたくさんある。長い廊下が1本あって、ドアがずらりと並んでいる。ドアの並びは延々と続いていて、どこまで歩いても途切れない。廊下に果てがないので、「無限大号室」も「最後の部屋」もない。1号室はあって、その先はどの部屋にもその次の部屋がある。

今夜は特に忙しく、ホテルは満室だ（そう、この世界には人も無限にいる）。廊下を好きなだけ歩いていって、ドアをノックすれば、「部屋違いだよ！　邪魔しないで！」という声が返ってくる。無限にある部屋が無限にいる人で埋まっているという状態だ。

そこへ、新しい客がロビーへやってきて、「1室用意して」と頼んできた。

君はホテル・インフィニティーで働き始めたばかりじゃないから、こういうときの対処を心得ていて、館内放送でこうアナウンスする。「ご不便をおかけいたしますが、すべてのお客様に1室分の移動をお願いいたします。お荷物をまとめましたら、廊下へお出になり、ロビーから1室離れたほうの客室にお移りください。ご協力を感謝いたします。おやすみなさいませ」。みんなが君の言うとおりに動くと、新客のために1室空けることができる。

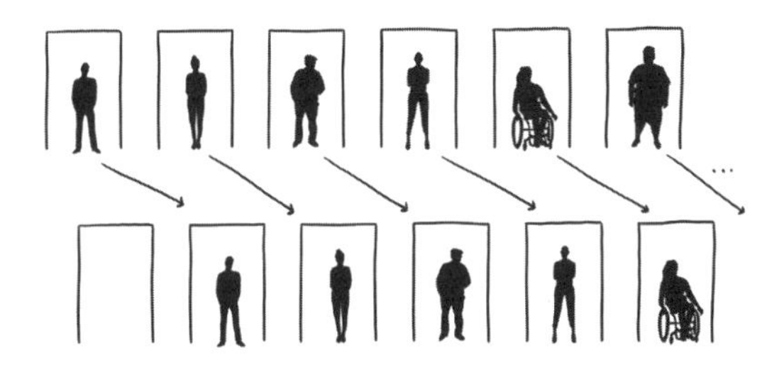

無限にある部屋に、無限大＋1人の客。それでも客室と客の完璧な1対1対応をつくれる。無限大＋1は無限大だ。

無限大＋5でも、無限大＋1兆でも同じこと。同じやり方でいける。あの2つの袋を1対1対応にできるし、あとから来た客に泊まってもらえる。無限大は、有限の量とは比べものにならないくらい大きいのだ。というわけで、無限大よりも大きい何か探しはまだ続く。

では、無限大＋無限大はどうか。無限大袋2袋と1袋とで余りの出ない1対1対応をつくれるか。

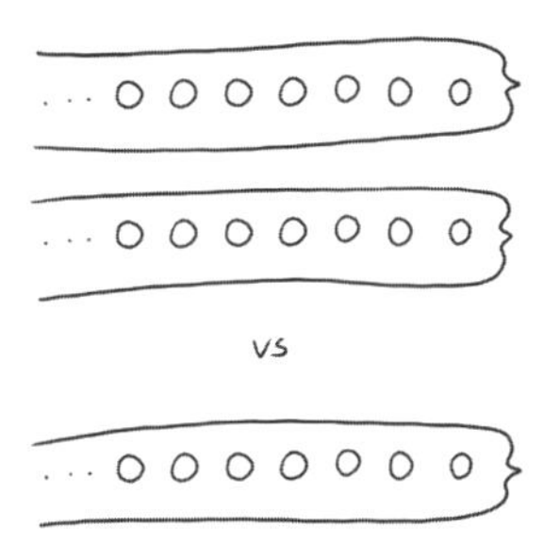

今度は「ごっそりずれる」手が使えない。2袋と1袋とで余りを出さずに1対1対応をつくれるにしても、別の手がいる。いや、もしかするとできないかもしれず、だとすると無限大よりも大き

い何かを見つけたことになる。君はどう思う？

ホテル・インフィニティーで言えばこういうことだ。場面は再び満室のホテルのフロント。ロビーにはまた新しい客が、今度は1人ではなく無限に伸びる列をなしてやってきて、その全員が客室を求めている。さあ、泊められるか。無限大＋無限大は無限大と同じか。

今回も前と同じ手はダメだ。無限大室分だけロビーから離れたほうの客室へ、などとは指示できない。これでは1号室の客の行き先すらはっきりしない。「無限大＋1」号室という移動先はない。

何か手はあるか。

ある。こんなやり方だ。君は今回も館内放送をかける。「おそれいりますが、皆様にお願いいたします。1号室のお客様は2号室へ、2号室のお客様は4号室へと、どなた様もいまの客室よりもロビーから2倍離れたところの客室へお移りください」。

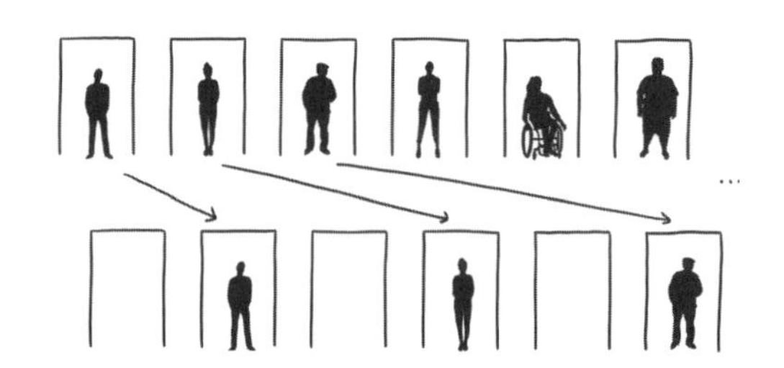

これで全員にこれからも客室があるし、奇跡のような話だけど、こうやって間隔を空けることで、新客用に無限大の数の客室を用意できた。ドアに番号が振ってあったとすると、これで奇数号室が空くことになる。

袋の世界で言うと、次のようにして間隔を空けていることにあたる。

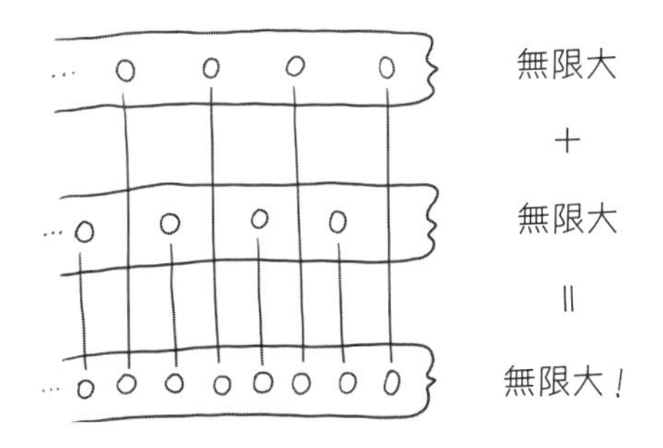

ちょっとやりすぎじゃないか、と思っているかもしれない。少しばかり直感に反しているのはそのとおり。でも、無限大について本気で語りたいなら、自分の直感を疑うことになる状況は避けられない。なにしろ、「無限大はその２倍と等しい」みたいな直感に反する妙な結論が出るんだ。そんな証明のせいで、数学者は「無限」を研究することを長らく拒んでいたし、数学の先生がいまでもたくさん、無限大は数ではない――真の数学ではない――と教えている。

でも、これこそ本当の意味での数学の奥義だ。ゲームのルールさえあらかじめ決めておけば、何についても研究できる。意味をはっきりさせておき、直感に反するような結果が出ても飲み込む覚悟を決めたら、「無限」さえも研究テーマにできる。今回の場合、

「同じ」の定義として選んだルールから、無限大＋無限大が無限大と等しいという結論が導かれた。これが気に入らないなら(もっともだ)、戻って別のルールを選んで仕切り直してぜんぜんかまわない。でも、この本ではここからも同じルールで話を進めるよ。

無限大＋無限大は無限大だ。そして、同じ論法によって、比べる相手が無限大×3 でも×1000 でも、やっぱり最初の無限大と等しい。ついにあきらめどきか。

もう 1 つだけ試そう。無限大に無限大をかけるとどうなるか。これも無限大よりも大きいのか。

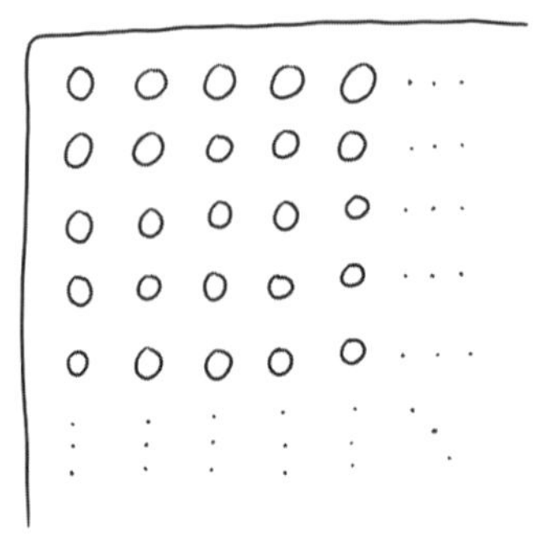

これと無限大袋 1 袋とで余りのない 1 対 1 対応をつくれるだろうか。

この答えはすぐに教えよう。できる。大きさはやっぱり同じだ。言葉を使わないで証明するとこんな感じだ。

証　明

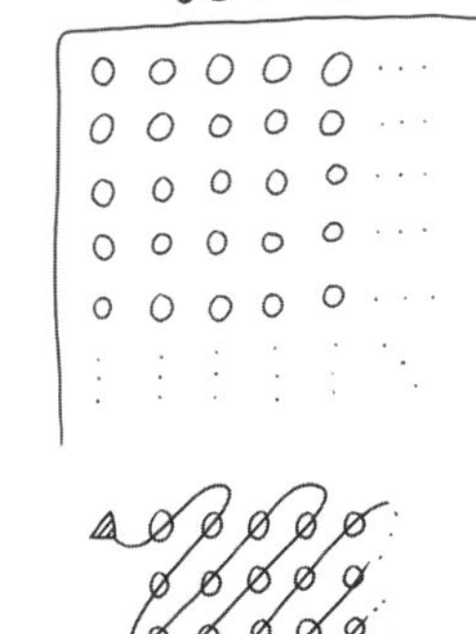

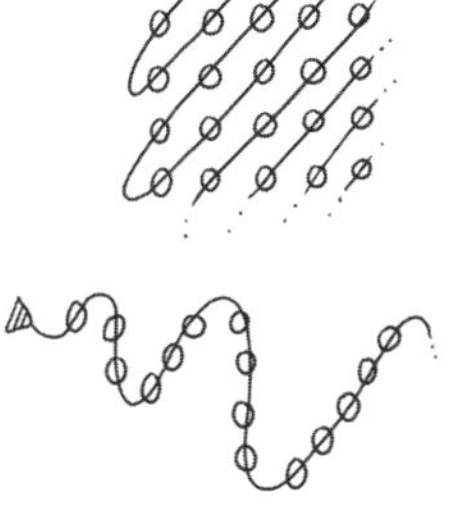

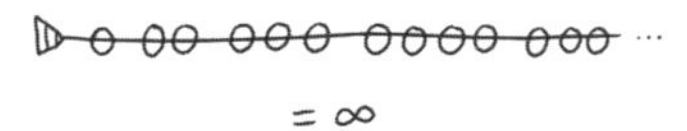

$= \infty$

QED

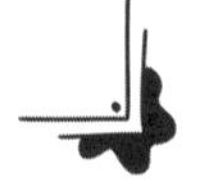

というわけで、無限大×無限大も無限大に等しい。無限大よりも大きい何かはまだ見つかっていない。じゃあ、約束だから、そもそもの疑問への答えを発表しよう。

無限大よりも大きい何かは存在する。

それは「連続体」って呼ばれてる。

連続体

the Continuum

連続体が無限大よりも大きいっていう感覚は、無限大が1よりも大きいっていう感覚と同じだ。これはもう想像できないくらい大きい。「大きい」のレベルが違う。ふつうの無限大とは比べものにならない。

連続体は「連続無限」とも呼ばれていて、数学の世界ではたいてい小文字の c で表されている。連続体は、滑らかに続くリボンのようなものって感じだ。じゃあ、前の〈無限大〉で見た無限大はというと、ものが個別に入っている袋だとイメージできる。さっきの無限は「可算無限」と呼ばれている。要素を1つずつ選んで並べられるから。

連続体とは、線に含まれる点の数のことだ。線の長さが有限か無限かは関係ない。大事なのは質感、というか点の密度だ。これから見ていくタイプの無限大は、途方もなくぎっしり詰まっている。どれほど拡大して見てみても、ぜったいにスカスカにはならない。線のどれほど短い部分を取り出しても、そこに含まれる点の数は連続体なんだ。

さっき見た可算無限と比べてみると、連続体のほうが格段に大きいのがよくわかる。可算無限は自然数のようなもの、無限に長い線上に決まった間隔で並べられた点のようなものだ。同じようにして 2 次元のマス目とか 3 次元の格子、4 次元以上の何かもつくれるけど、やっぱりそこにあるのはばらけた点だ。点どうしの間隔を 100 分の 1 までとか、100 万分の 1 までとか、どこまで詰めたところで、点どうしはやっぱり離れていて、それなりに拡大して見てみればどれか 1 点を選べる。これが可算無限だ。

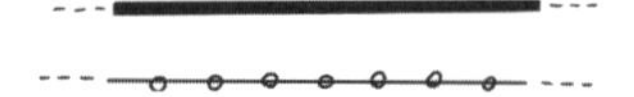

それとは違って、連続体にはあいだの点がぜんぶ含まれている。ぜんぶだ。点は互いに溶け込んで、途方もなく広い滑らかな海をなしていて、数えることはできない。

こんな風にもイメージできる。数直線に向かってダーツの矢を投げたとすると、それが自然数のどれかに当たる確率はぴったりゼロだ。ごくごくわずかなんかじゃない――ゼロ。自然数と自然数のあいだには、ほかの数が無限にある。

これが数学や実世界でよく出てくる「離散」と「連続」という大事な区別だ。よく見かける例をいくつかあげてみよう。

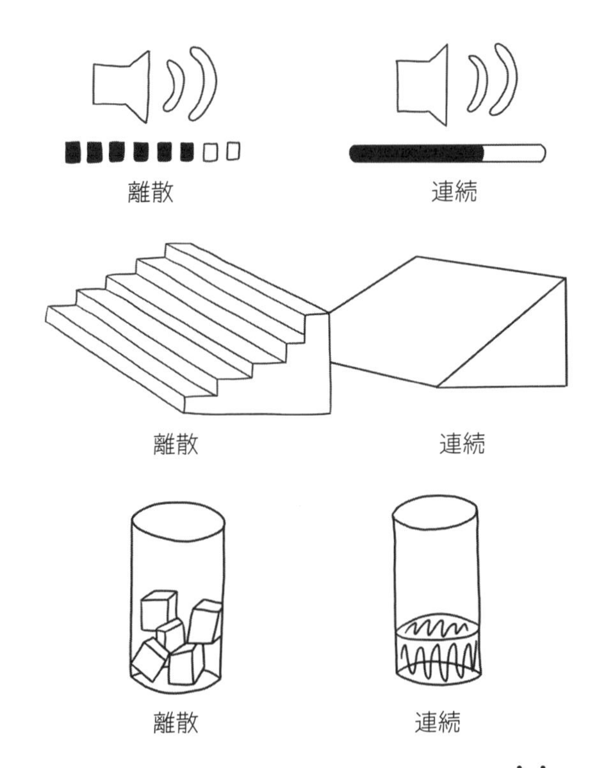

ものの離散的な集まりの大きさは必ず有限ないし可算無限だ。さっきの図であげた例はどれも有限だけど、たとえば椅子がどこまでも並んでいるところを思い浮かべてみよう。これは〈無限大〉で見た袋と同じ、個別で、離散的で、可算だ。「座るところはいくつあるか？」と聞かれたら、無限――可算無限――にある、っていうのが答えになる。

ところが、ベンチについては、決まった長さであろうとどこまでも長かろうと、「座るところはいくつあるか？」への答えは c、つまり連続体だ。それどころか、座る位置を 2 か所どう選んでも、その2か所がどれほど近かろうと、そのあいだにある座れる場所の数は連続体なんだ。

ここまで、cのほうが無限大よりも大きいと言い続けてきたけど、まだ証明していない。〈無限大〉では、無限大よりも大きそうな何かをいくつも思いついたけど、実際にはどれもそうじゃなかった。なのになぜ僕は、連続体のほうが本当に大きいとこうも自信満々なのか。証明する必要があるね、1対1対応と余りのルールを使って。無限大と連続体を余りなしに1対1対応にする方法が存在しえないことを。

この証明は一筋縄ではいかない。何かが可能っていう証明なら簡単だ。やってのけさえすればいい。だけど、何かが不可能っていう証明は難しい。いくつか違うやり方を試してあきらめて、「ほら、無理だろ？」と言って済ませるわけにはいかないから。だって、余りを出さずに1対1対応をつくるうまいやり方をあとで誰かが思いつくかもしれなくて、本当にそうなったらかなりきまり悪いと思わない？　この2種類の無限大の1対1対応を余りが出ないようにつくる方法が存在しえないことを、文句なしにきっぱり証明しなきゃいけない。どうやったってぜったいに失敗すると証明しなきゃいけないんだ。これはそうとう大変だ。

このあと、連続体のほうが無限大よりも大きいっていう証明を見てもらうけど、それはこの話題の終わりまでとっておく。ちょっと長いし、じっくり眺めてよく考えてみないとわからないかもしれないから。あれは見事な証明で、だからこそ取り上げたいんだけど、この本でいちばん難しい証明なのは間違いない。

それまでもうしばらくのつなぎとして、この話題とこれまたつながりがある別の話の見事な証明を紹介しよう。僕はさっき、連続体の大きさは長さが有限でも無限でも同じと言った。その証明を見てほしい。

証　明

長さが有限の連続体と無限の連続体を用意する。有限のほうを曲げて半円をつくり、その中心に×印をつける。その下に無限のほうをまっすぐにして置く。

この2つから余りが出ないように1対1対応をつくるためにはこうする。無限に長いほうの連続体でどこかの点を選び、定規を使ってその点と×印とを線で結ぶ。結んだ線は長さが有限の連続体とぴったり1点で交わる。この交わった点と、無限に長い連続体で選んだ点とを対応させる。

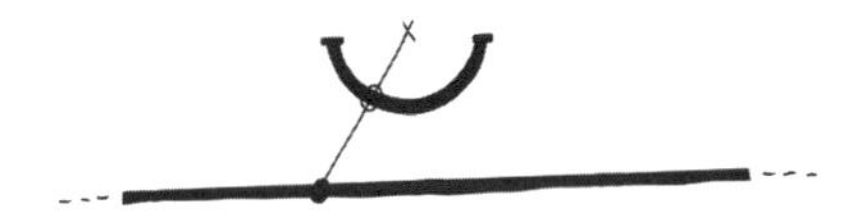

無限に長い連続体のそれぞれの点が、長さが有限のほうの1点だけと1対1対応となるし、その逆も言える。どちらの側にも余りが出ないので、この2つは等しい(巻末参照)。

QED

連続体と同じくらい中身が濃くてぎっしりの物体が実世界に存在しうるのか、といま君は思っているかもしれないね。連続体をディスプレイに表示することはぜったいにムリ。ディスプレイを構成しているのはピクセル（画素）で、ピクセルはひとつひとつが別物で離散的だから。同じ意味で、この世界がとってもとっても小さな粒子でできているなら、連続無限の何かはぜったいに存在しえないことになる。例外があるとしたら時間かな。

それでも連続体はなぜだか、学校で習うような算数以外の数学の中でいちばん役に立つ分野の主役の座にある。現代の科学や数学の大半の土台には、連続体を足し合わせて有限の答えをはじき出すために使える数学ツールがある。ふつうは積分って呼ばれているけど、この本では連続体和って呼んでいく。それが実際のところだから。

もうちょっと具体的に説明しよう。曲がりくねった線の長さを測りたいんだけど、手元にあるのが真っすぐな定規だけだとする。

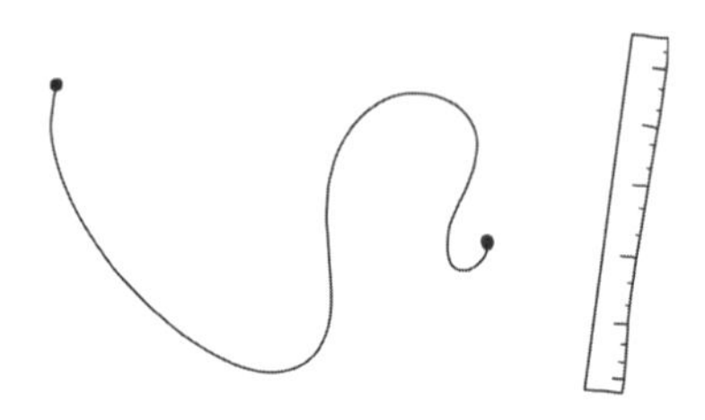

線をほぼまっすぐと言えそうな部分に区切ったら、それぞれの長さを測って、それらを足し合わせると、全体の長さを大ざっぱに見積もれる。そう正確じゃないかもしれないけど、それなりに近い値にはなるだろう。

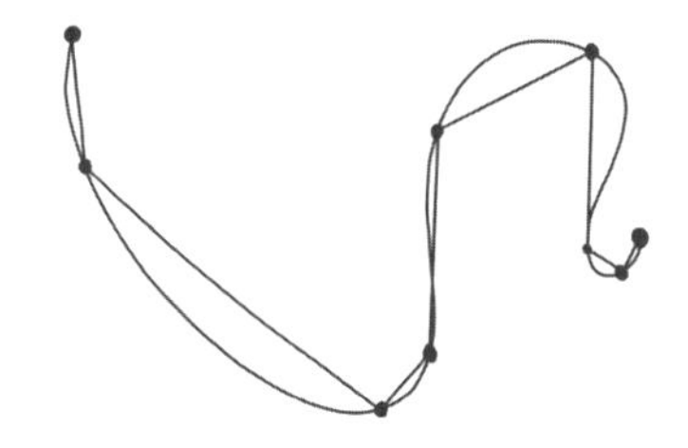

もっと精度の高い答えがいるなら、とても細かく、たとえば100個にとか、もっと細かく1000個にとか区切るといい。ひとつひとつの部分の長さはとても短くて、ゼロにかなり近いけど、小数点以下を几帳面に足し合わせていけば、実際の長さにとても近い値になるだろう。

でも、「とても近い」じゃ数学者は満足しない。知りたいのは正確な長さだ。それを知ろうと、数学者はできるはずのなさそうなことをする。曲線を、連続体と同じ数だけあるごくわずかな部分——ここでは大きさ無限小の点のような部分——に区切っておいて、連続体和をなんとか持ち出して全部足し合わせるんだ。

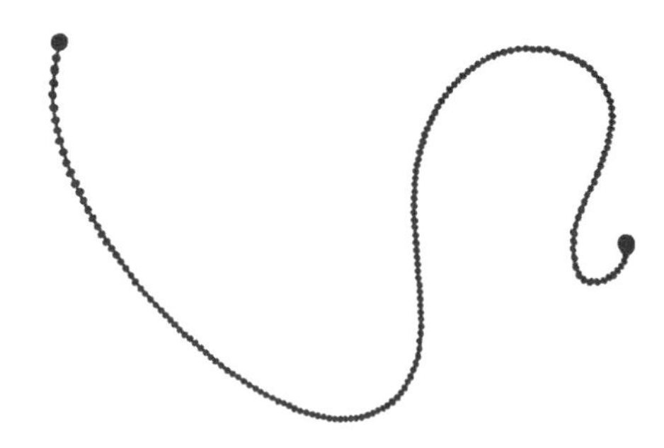

信じられないかもしないけど、これは実際にできる計算として現に行われていて、出てくる答えは有限だ。ゼロでも無限大でも

ない正確な長さ。「6」とか「π」とかの。

見事なワザだ。そして、数学ツールの大半がそうだけど、表向きは互いに何の関係もなさそうなたくさんの場面に応用できるくらい一般的だし、抽象的だ。もういくつか例をあげるけど、連続体和がどれくらい万能なのか、本当の意味では伝えきれない。それくらいさまざまな場面で活かされている。

さっきの例と似た感じで、なんか丸っこい形の、たとえば池の面積を測りたいとしよう。長方形の面積なら計算はやさしいけど、池の形は長方形じゃない。面積を見積もるには、細長く薄切りにしていく。すると、薄切りそれぞれが長方形に十分近づく。

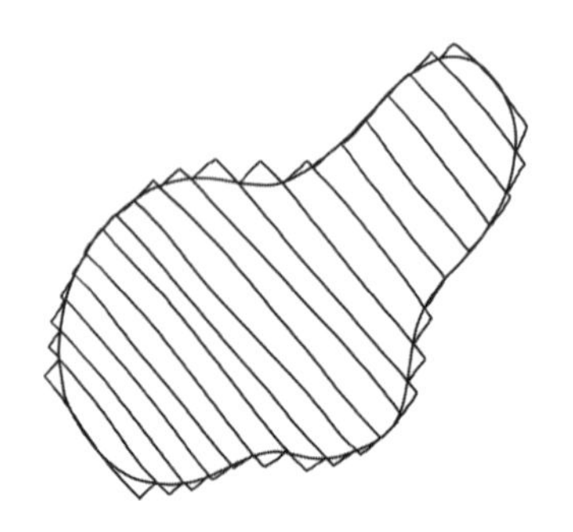

でも、面積を正確に知りたいなら、連続体と同じ数の、細長い線のような部分になるくらいの薄切りにしなきゃいけない。薄切りそれぞれの面積はごくわずかになるけど、足し合わせれば連続体和になる。

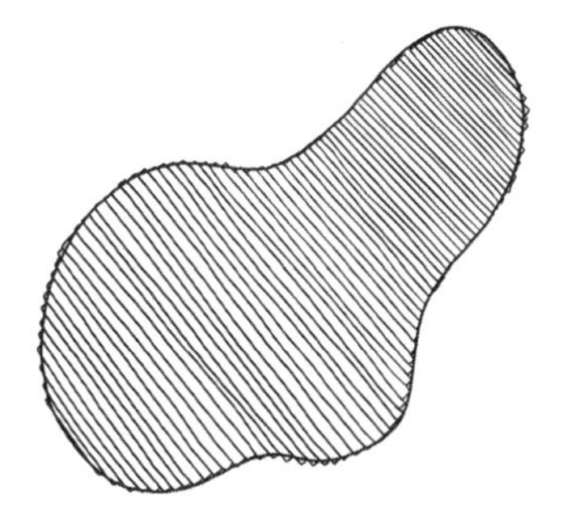

点の集まりからなる連続体和は線、線の集まりからなる連続体和は面だ。

見かけはかなり違うけど、やっていることは結局同じ、という例を１つ。これから車を１時間運転するとしよう。その車には距離計がなくて、あるのはスピードメーターだけだ。ここで、その場その場のスピード情報をもとに、どれくらいの距離を走ったか知りたい。さて、できるか。できるならどうしたらわかるか。

１時間のうちにメーターを１回見れば、その１時間を一定のスピードで走っていたという前提で、（とても）大ざっぱに見積もることはできる。でも、あまり正確じゃない。最初は遅かったスピードが徐々に速くなったとしたら？　スピードメーターを確認したのがドライブ全体を代表するような瞬間じゃなかったという可能性がある。

１時間をもっと短い時間に区切ると、全体の距離をもっと正確に見積もれる。区切られた時間それぞれでメーターを１回見れば、その時間内に進んだ距離がだいたいわかる。そうやって出した距離を足し合わせれば、１時間で進んだ距離が大ざっぱにわかる。

1時間を細かく区切るほど、見積もりはどんどん正確になる。たとえば1時間を1秒単位に区切れば、そのあいだのスピードは一定にかなり近そうだ。

曲がりくねった線の例や池の例と似た話なのがわかると思う。1時間を連続体と同じ数の一瞬にまで切り刻んで、それぞれの瞬間のスピードを連続体和の考え方で足し合わせると、正確な答えを出せる。点の連続体和は線の長さ、線の連続体和は面積、そしてスピードの連続体和は距離なんだ。

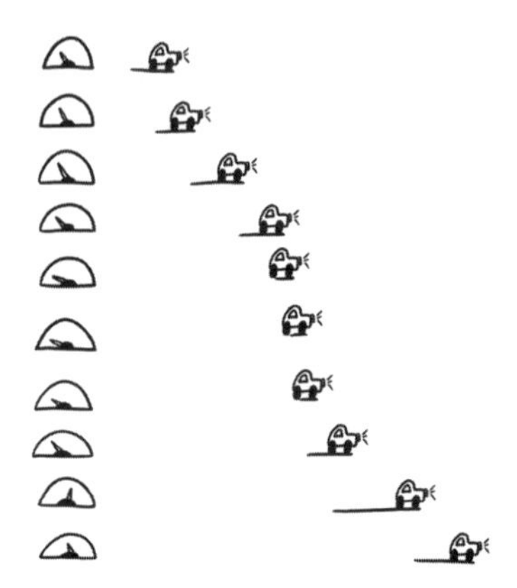

同じ戦略は、スピードから距離を計算するときだけじゃなく、変化の量しかわからない何かの合計を計算するのにも使える。森林で覆われている面積の減少量の**合計**が知りたいとき、森林破壊の**進む速さ**しかわからなくても、連続体和の考え方を応用できる。

当たり前だけど、森林破壊の進む速さ（1 日に伐採される木の本数単位）が時間に対して一定なら、こんな凝ったやり方はしなくていい。進む速さと日数を掛け合わせれば合計が出る。速さがばらつくとしても、毎日伐採される本数のデータがあるなら、それを足し合わせて合計を出せる。進む速さが**連続的に**――たとえば秒単位で――ばらつくときに初めて、連続体和が必要になる。

だからこそ、連続体和は物理学や工学の世界でとにかく重宝されている。こうした分野では温度、水の流れ、燃料の量、スピード、電流など、変化の絶えないさまざまな量を扱っている。でも、連続体和というツールがあまりに便利だから、世の中では銀行口座（離散的な通貨単位で変動）や動物の集団（匹／頭という離散的な単位で変動）のような離散的な量に連続体和を応用する手だてさえ編み出されている。「富」や「母集団」が連続的な量だということにすると、物理学者やエンジニアが使っている予測技法をそっくり応用できるんだ。最後に整数に丸めるのを忘れなければいい。

さて、辛抱強く待ってくれたので、いよいよ連続体が無限大よりも本当に大きいことの証明を示そう。

証　明

これから、連続体と離散無限とで余りのない１対１対応をつくろうとすると、何を試してもぜんぶ失敗して、連続体の側に余りが出ることを証明する。具体的には、連続体をなす点のリストをつくることが、項目が無限にあるリストを持ち出しても不可能なことを証明する。

ここでは、長さが有限の連続体を使う。前にも見たけど、大きさは問題じゃないからだ。それぞれの点に名前を付けよう。点の名前は、その存在場所を示す番地代わりになるようにする。最初の文字は、その点が右半分（R）と左半分（L）のどちらにあるかを指す。２文字目は、最初の半分のうちの左右どちらの半分にあるかを指す。以下、同じようにＬやＲを連ねて目指す点に迫っていく。

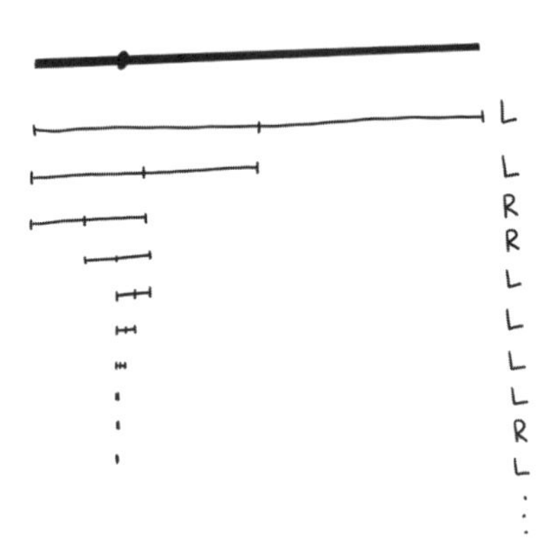

LとRからなる長さが有限の文字列は、線分のうちの、ある連続した領域を狭めているだけだ。でも、無限に続くLR番地は1点の位置を決める。どの点にもLR番地が1つだけあって、どのLR番地も1点だけに対応している（巻末参照）。

ここでは、LR番地を残らずあげたリストをつくることが、たとえリストの項目が無限にあってもできないことを示したい。論敵がそんなリストを手に現れ、ここにすべてのLR番地が載っている、と主張したとしよう。その主張は間違いだと思うけど、証明する必要がある。

そのためには、相手からどのようなリストを突き付けられても、そこに載っていない点（LR 番地）を指摘できなければいけない。

そのためにこんなやり方をする。リストの先頭から始める。最初の番地の最初の文字が何であっても、それではないほうの文字を書き出す。次に、2番目の番地の2番目の文字が何であっても、それではないほうの文字を書き出す。無限に続く対角線に沿って同じことを繰り返す。

こうすると、LR 番地が新たに1つ書き出される。この LR 番地が相手のリストにはない、と主張するんだ。なぜそうとわかるかって？　まず、この番地は相手のリストの先頭にある番地じゃない。なぜかというと、（少

なくとも！）最初の文字が違うから。次に、2 番目の番地でもない。2 文字目が違うから。同じような理由で、リストの 10 億番目の番地でもない。10 億文字目が違うから。

論敵のリストのどこにもないはずだ。

相手がこっちにどんなリストを突き付けてこようと関係ない。そのリストにない点をこの手順で必ず指摘できる。こっちが指摘した欠けている点を相手がリストに付け加えたとしても、その更新されたリストに載っていない点を同じ手順でまた指摘できる。

つまり、連続体のすべての点をリストとして残らずあげることは、項目の数が無限大のリストを持ち出してもムリ。線に含まれる点の数は、（たとえ長さが有限でも）無限大よりも本当に大きいに違いないのだ。

QED

この証明は面白い。そう僕は思っている。回り道だったり後戻りだったりする感覚がいくらかあるからだ。ひとつひとつの手順には納得がいく。点と番地の対応関係はわかるし、対角線のワザがうまくいくしくみもわかる。なのに、証明全体を順にたどると、無限大について驚くべきことを証明できてしまう。L と R について語っていただけのところから。

この証明を受け入れるなら、無限大よりも大きな何かは本当に存在する。有限／無限の上に別の階層があるんだ。だとすると、疑問が山ほど湧いてくる。無限大と連続体のあいだには何かあるか。それとも無限大の「次に」大きな何かが連続体なのか。連続体よりも大きい何かはあるか。無限大の大きさは何種類あるのか。あっても有限なのか、それとも無限にあるのか。無限にあるなら……その無限はどのような種類の無限か。

こうした疑問には、答えが出ているものと出ていないものがある。そのなかでも、最初の疑問（無限大と連続体のあいだに何かあるか）の答えが奇妙だ。どう考えても「はい」か「いいえ」——存在するかしないか——の２択としか思えない。でも、答えを見つけて証明した学者がいて、その答えは「はい」でも「いいえ」でもなかった。

ほとんど知られていない事実だけど、真と偽のあいだという第三の前衛的な状態が存在する。でも、この本はその話ができる段階にはまだ達していない。

写　像

Maps

正直に言おう。前の〈無限大〉と〈連続体〉の内容はその大半が、専門家のあいだで解析とは分類されない。あれは解析への入り口のようなもの。解析の現場での無限大や連続体の扱いは、報道の現場での母音や子音の扱いと同じ。無限大や連続体というものがあり、数学者はそれが何で、どのように機能するかを知っていなければいけないけど、それが注目の的じゃない。解析とは写像（map）をメインに扱う分野だ。

英語の map という単語の日常的な意味は、点や記号が実世界の場所や事物に対応しているのがお約束の絵、つまり「地図」だ。点や記号は紙に印された単なる模様じゃなく、都市、地下鉄の駅、非常口なんかを指している。地図をただの絵じゃなくて地図にしているのがこの対応関係だ。

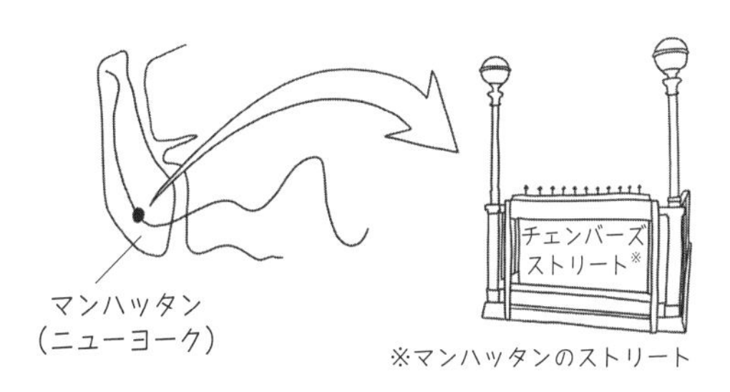

そこから先、何を地図と言えるかについてはけっこう柔軟だ。地図の形は、対応関係がありさえすれば、表している何かの実際の形が反映されていなくてもかまわない。

点や記号が、実在するモノや場所に対応している必要もない。時刻、イベント、値段などなど、本当に何でもありだ。対応関係さえあれば、広い意味で map と言える。

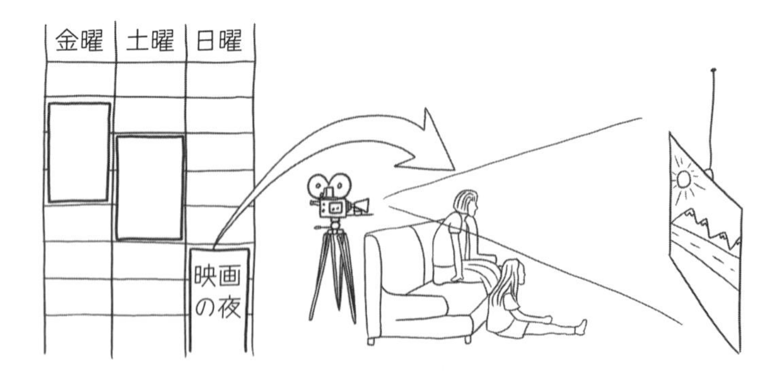

たいていの日常的な地図で、対象の意味はそれぞれ、図中にラベルで直接示されている。ある点がブエノスアイレスを指しているなら、その横に「ブエノスアイレス」と書き込んであって、誰が見ても何を指しているかがわかるようになっている。でも、地図がもっと複雑になると、そう簡単には書き込めなくなってくる。点の数が何百、何千にもなると、意味を書き込もうとすればあっという間にごちゃごちゃになる。ラベル付けではうまくいかない。

示さなければいけない情報が無限に、連続体と同じ数だけあっても、対応関係をうまく表せる方法がある。その1つがヒートマップだ。テーブルでも壁でもいいので、平らな面に注目してみよう。面上の点はどこもある温度になっている。温度は点によって少しずつ違うけど、感度のとても高い温度計があれば、それを面上のどこにでもかざせば、正確な数値が手に入る。

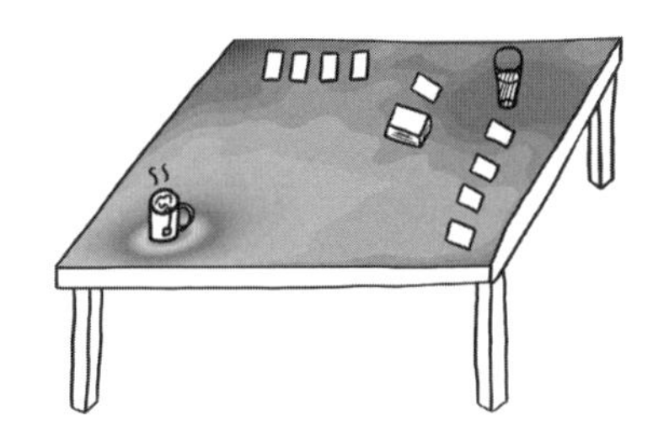

この温度情報の対応関係はどんなふうに描けるか。それぞれの点にラベルを付けるのは現実的じゃない。なにしろ、ここで扱っている点の数は連続体だ。ひと工夫がいる。

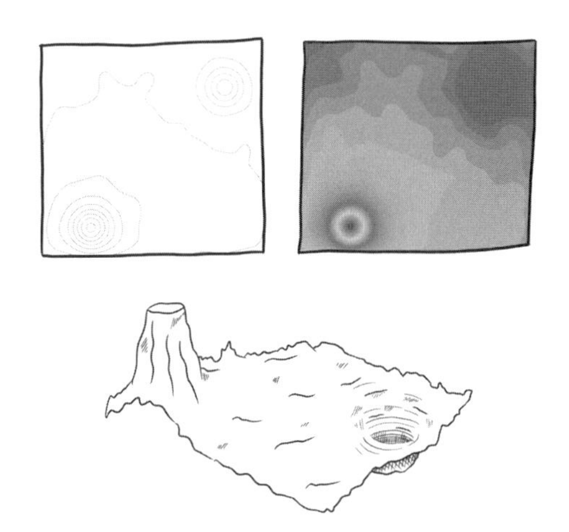

熱い点ほど明るい色にして色分けする、という手がある。ほかには、等高線を描いて、温度がおおよそ同じになっている領域に区切る、という手もある。温度の次元を付け加えてもいい。熱い

点ほど高い位置、冷たい点ほど低い位置として描くんだ。

どのやり方がお気に入りでも、伝えている元情報はどれも同じで、目にするのは場所と温度の対応関係だ。テーブル上の点それぞれに値が割り当てられていて、そのことを数学者はこう書き表す。

写像：{テーブル上の点}→{温度}

前の図にあげたような3種類のスタイルはそのままほかの状況でも使える。たとえば、ハイキング用の地図をつくるなら、載せる領域に見られる標高の変化を示さなければいけない。ヒートマップと同じように、地図上のそれぞれの点を数値に対応させるんだ。それなら、標高情報を色分けするか、等高線を描くか、第三の次元を付け加えるといい（この場合の「3次元地図」は立体的な構造になる）。

こんな感じの地形図ではたいてい等高線スタイルが取り入れられて、等高線ごとに海抜の標高が書き込まれる。でも、この3種類のスタイルどれについても、表されているのはこう書き表せる同じ元データだ。

写像：{領域内の点}→{標高}

同じスタイルをヒートマップにも地形図にも使えるのには理由がある。どちらも、2次元の面を1次元の尺度に対応させているからだ。これと同じ基本構造をしているものには、同じやり方が通じる。3つのどのやり方でも、1次元の尺度を面上に直接、視覚に訴えるように示せる。

年間降雨量、水深、汚染濃度、人口密度など、領域内でばらつきのある値はどれも同じように扱える（都市の人口密度を3次元地図にすると、現実の建物の輪郭みたいに見えるだろう）。どの場合でも、関心の的になるデータは、2次元の空間内にある点と1次元の連続体上にある点との対応関係だ。用途の広いこのデータ構造はこう書き表せる。

写像：平面→線

でも、対応関係を調べてみたくなりそうな物事がこのパターンに当てはまることはあまりなくて、当てはまらないならこのスタイルじゃうまくいかない。何でもかんでも温度や標高のように1次元の尺度で表せるとは限らない。

たとえば風。気象学者は風の様子を示さなきゃいけないけど、ある決まった場所と時刻での「風」は単純に色分けできる量じゃない。風には速さがあるのはもちろん、向きもある。この情報は矢印を使うと自然に表すことができて、風の強さは矢印の長さで表せる。

これはベクトル地図の一種で、空間の内部にあるそれぞれの点には、風の向きや強さとの対応関係がある。ベクトル地図は、流れて風を生む空気のような、流動性の物質が絡むいろいろな状況にぴったりだ。矢印は、それぞれの点での流れの向きと速さを示している。

今度カップで紅茶をかき混ぜることがあったら、液体の流れに注目してみよう。自分が表面につくっているベクトル地図を想像できるかな。

僕らは流動性の物質に（文字どおり）囲まれている。空気は身の回りで絶えず動いたり渦巻いたりしている。その様子はふつうなら目に見えないけど、たばこの煙を吐いたり、シャボン玉を飛ばしたり、タンポポの種を吹いたり、寒い日に息を吐いたりすると、自分の息がつくるベクトル地図が、ほんの少しのあいだ目に見える。

この場合の流れは3次元で、3次元空間内の点それぞれが速さや向きと対応づけられる。

そして、空気や紅茶のような流動性の物質ではない何かの流れも示すことができる。エンジニアは熱の流れをすごく気にしていて、彼らはそれを3次元のベクトル地図で解析している。

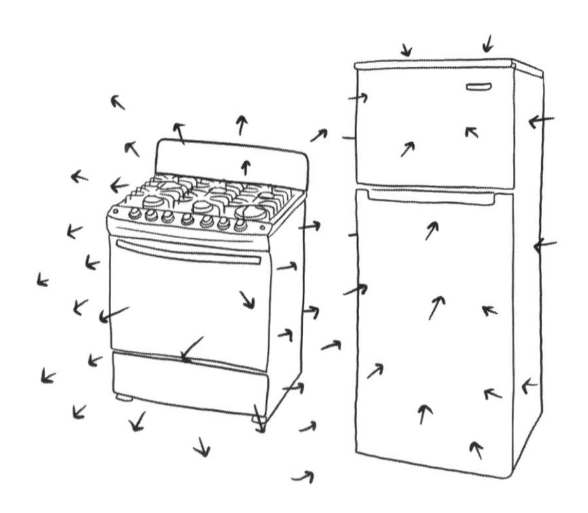

ベクトル地図は、地球上の人口や資源の流れを解析するのにも応用できる。

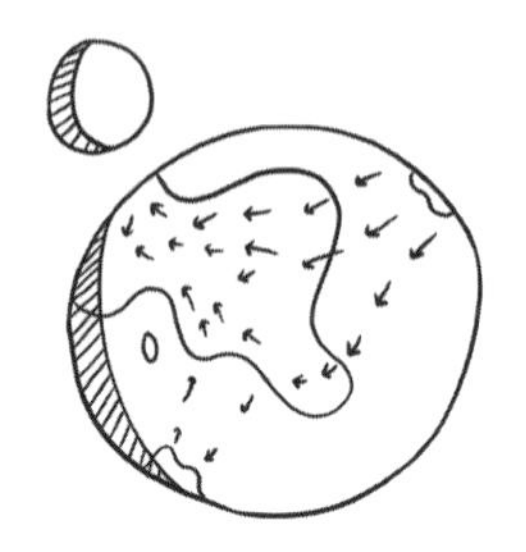

この場合の流れは球面上を流れ、面上の点それぞれにベクトル値が割り当てられる。写像はどのような多様体にも使える。

解析の専門家はある決まった種類の写像に詳しいことが多い。「実解析」では温度や標高のような1次元の量を扱い、「複素解析」ではベクトル地図を扱う。それぞれの専門家は自分が専門とする写像の振る舞い、対応関係に共通して見られる特徴、現れるかもしれないパターンや現象なんかを知り尽くしている。だから、実世界でその類いの対応関係が見られたら、当てはまる技法を何でも流用できる。

これこそ解析研究の、というか、抽象数学の研究全般の意義だ。決まった流動性の物質に縛られずに、「流れ」の一般的な概念を研究できるんだ。運が良ければベクトル地図に関して、空気か、紅茶か、熱か、紙の上で考える抽象的な流れかに関係なくさまざまな場合に当てはまるような、一般的な事実を発見できる。

じゃあ、そんな一般的な事実を1つ。硬い容器(巻末参照)の中を流れる物質には必ずまったく動かない点（不動点）ができる。なので、カップに入った紅茶をかき混ぜると、液面に動かない点が必ずできて、注がれた中に茶葉も含まれていたら、そこにとどまって回転して、ほかのすべてがそのまわりを回る。あるいは、どのような部屋にも、扇風機や換気扇がいくつ回っていようと、空気が動かなくてちりやほこりが留まるような点が存在する（窓が閉まっていれば）。

この事実は「不動点定理」と呼ばれていて、何次元でも成り立つことが証明済みだ。2次元的な皿の中で渦巻く液体についても、3次元の瓶の中で渦巻く気体についても成り立つ。僕らが12次元の瓶をつくれる世界に暮らしていて、それをシェイクできるとしたら、そこでもやっぱり成り立つだろう。

写像に関連する事実を1つ。毛羽立ったボールの毛を表面全体が覆われるようになでつけることはできない。球面上のすべての点で毛をどこかの向きになでつけると、「特異点」や「極」と呼ばれる不連続点がどうしても1か所はできて、そこが立ち毛、分け目、はげのどれかになる。

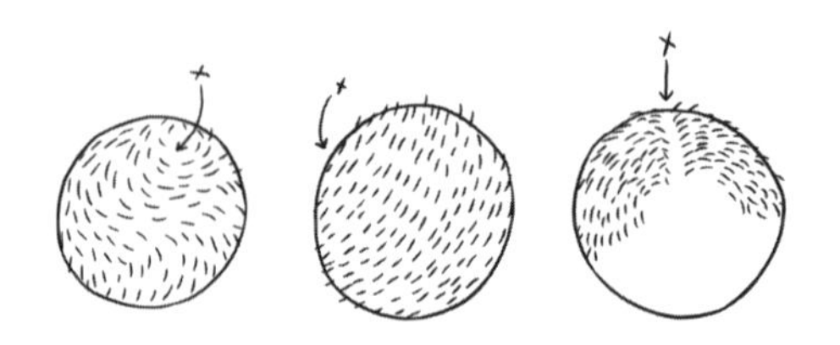

この事実は実際の毛の場合だけじゃなく、球面上の点それぞれに向きを割り当てようとしたときにも必ず当てはまる。地球上のどこかには、風がどの向きにも吹いていない場所が1か所はある。海には海流がどの向きにも流れていない特異点がいくつもあって、そこではゴミが集まり、島と化してぐるぐる回っている。木星のような荒れ狂う惑星にだって、流れの向きが定まらない「嵐の目」が必ず1か所はできる。これは自然界で観察されたパターンや偶然じゃなく、論理的な必然であって、何十億年かけてもたどり着けないくらい遠い惑星上でさえ成り立つ。でも、成り立つのは球面上の場合だけ。毛の生えたトーラスなら、毛をなでつけてすっかり覆うことができる。

写像はとてつもなく用途の広いツールだ。投影（影や世界地図）、変換（回転や鏡映）、時間とともに変わる量、幾何学的な曲線、物理系の状態などなど、じつに多彩な物事の分析に応用できる。高校でグラフにした関数も写像の一形態だ。トポロジーの「伸び縮み」は形から形への写像と捉えられるし、〈無限大〉と〈連続体〉で取り上げた1対1対応づくりにしても、ある集合の対象から別の集合の対象へという離散写像として研究されている。何かが別の何かと対応関係にあるほぼあらゆる状況で、数学者は写像を持ち出す。

物事をこうして抽象的に見ると、状況から具体性が振り払われて背後にある関係性に焦点が当たり、世の中にはさまざまなパターンや構造がいくらでもあるとわかりだす。そうしたパターンや構造は数学的対象と呼ばれていて、それについて考えることが数学と呼ばれているのだ。

できないこと

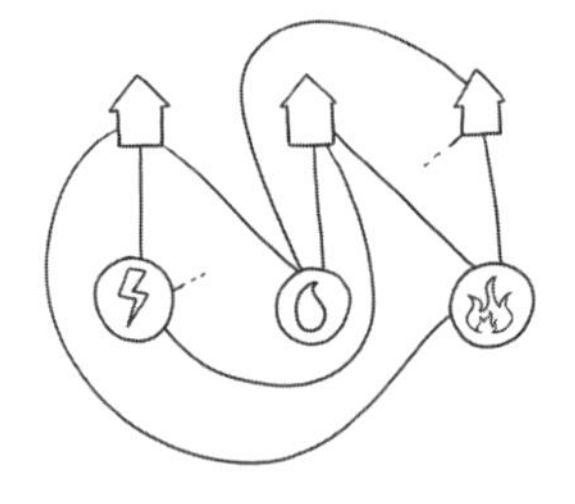

3件の家に電気、ガス、水道の3種類の配線・配管を交差なしで通すことはできない。

ある対角線上の2隅からマス目を切り落としたチェス盤にドミノを重なりなしに敷き詰めることはできない。

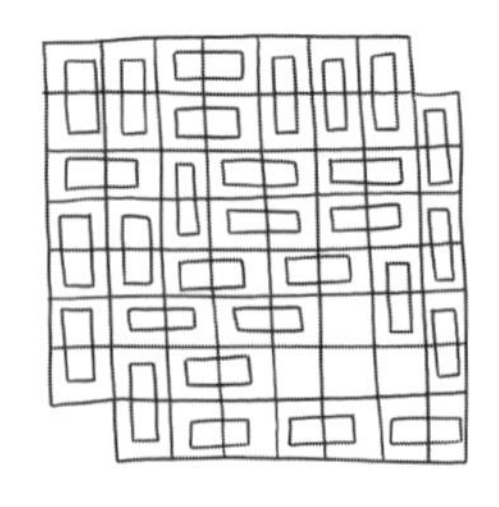

ケーニヒスベルクの旧市街に架かるすべての橋を一筆書きで渡ることはできない。

（そう言われても実際に試したくなることだろう）

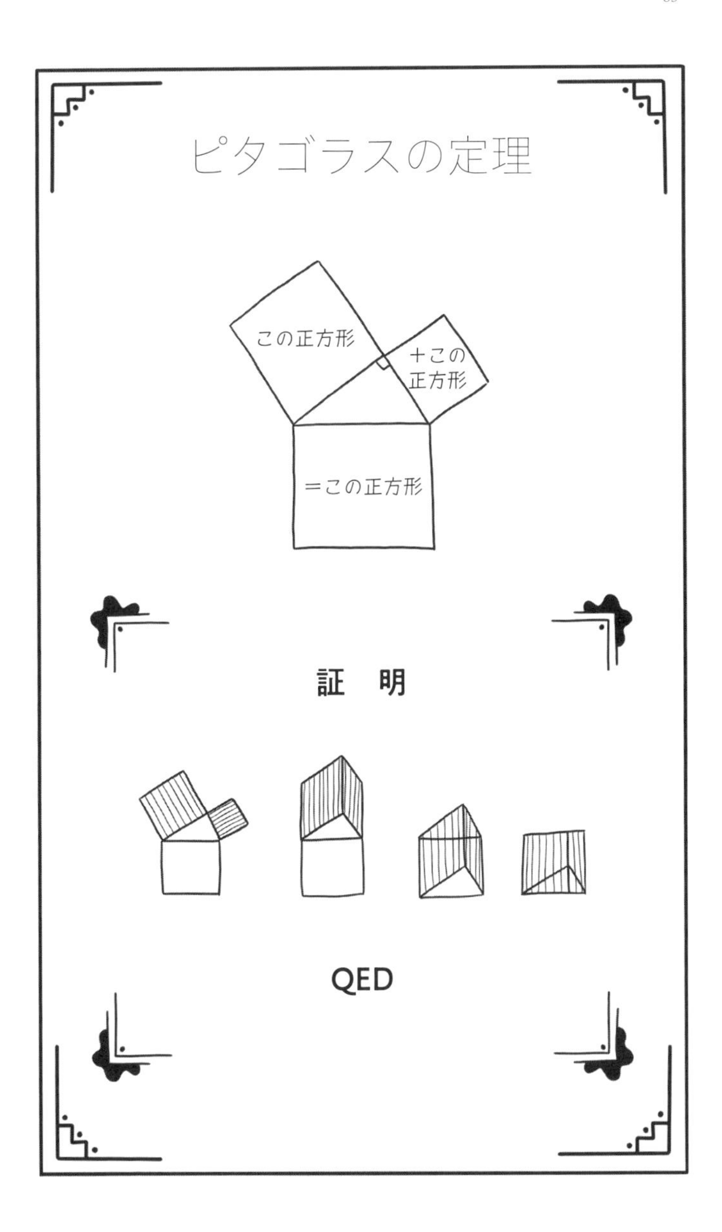
ピタゴラスの定理
この正方形
＋この
正方形
＝この正方形
証　明
QED

次ページのマス目の塗りつぶし方

①この本を矢印が左側に来るよう横置きにする。

②矢印が指す行の左端からスタートして右端まで以下の作業を続ける。

③それぞれのマスについて、すぐ上の３つの正方形に注目する。

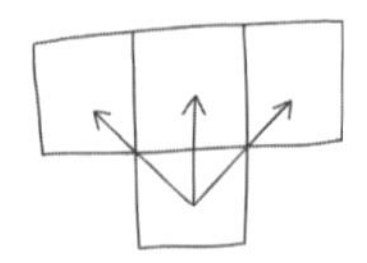

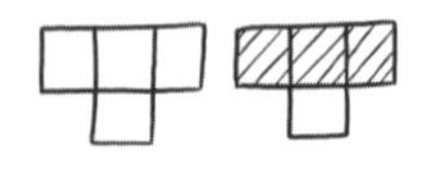

３つすべてが塗りつぶされているか空白の場合は、空白のままにする。

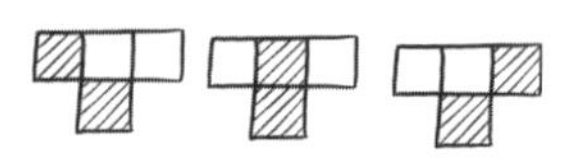

それ以外の場合は、塗りつぶす。

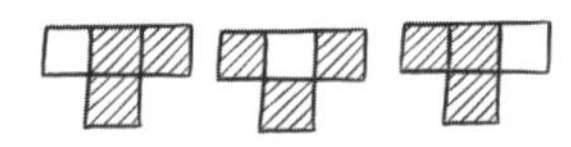

④これを次の行、そのまた次の行と繰り返していくと……。

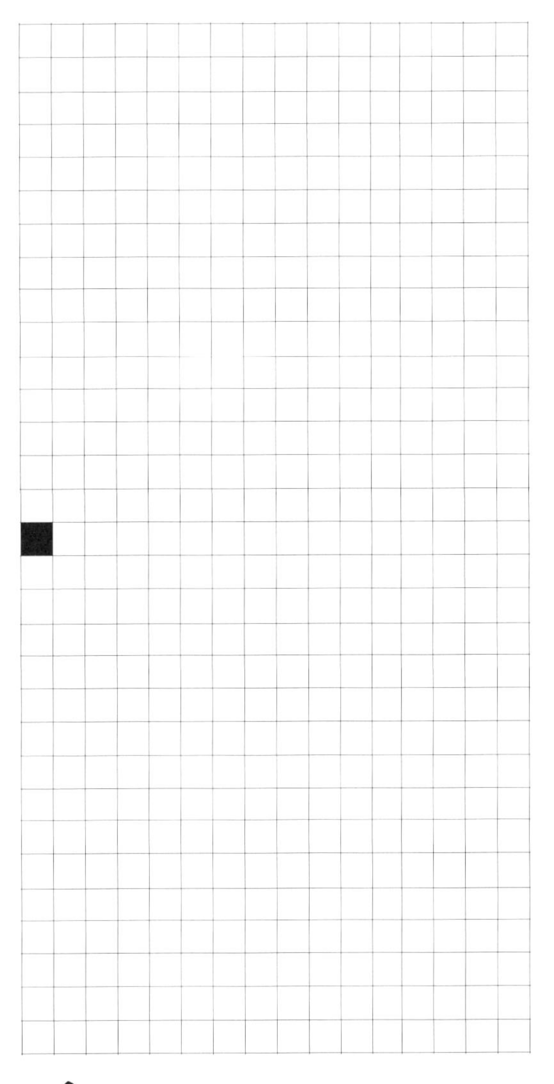

Algebra

代　数

抽　象

構　造

推　論

抽　象

Abstraction

まったくのゼロから出発しよう。数学は空っぽの空間内にある純粋で抽象的な対象を扱う学問で、なかでも代数はいちばん純粋でいちばん抽象的な分野だ。ここでいう代数は学校で習うあれじゃない。筋金入りの数学者はあれを「学校代数」とか「初等代数」とか呼んで、そこにネガティブな意味合いを込める。ここで紹介したいのは「抽象代数」だ。とびきり抽象的で、具体的な対象は何も出てこない。扱うのは、対象という発想そのものと、対象どうしの関係だ。

「一般代数」という呼び名もある。抽象代数では、何かを一般化するとき、それを具体的ではなくしていく。数字の 4 が含まれている数学問題があったとしよう。4 は具体的な数字だ。この問題を一般化するなら、この 4 を、どんな数字を入れてもいいことを示す記号 x に置き換える。すると、問題をふつうに解いて答えを数として出すことはできなくなるけど、x に別の値を代入して、出てくる答えにパターンがあるかどうかを確かめられるようになる。パターンはたいていあって、そのパターンが、一般化されたその数学問題の解、たいてい成り立つ解だ。

抽象代数ではこの発想を次のレベルへ引き上げる。代数そのものをもっと一般化したバージョンを求めにかかるんだ。足し算や掛け算の代わりに、何かしらの演算の表記として•（ドット）という記号を使う。ここにいろんな演算を——むかしからある加減乗除だけじゃなくて、使われたことなんかなさそうな奇抜な演算も——当てはめては高いレベルでのパターンを探す。でも、これで終わりじゃない。代数学者は数という概念までも抽象化してそぎ落とし、知られていない対象を扱う知られていない演算に取り組んでいる。

この手の代数になると、語ることも難しい。なにしろ、語る具体的な事物がない。代数学者が実践するプロセス、つまり、紙の上で記号を動かしてある文を別の文に変える、という体系的な手続きはある。でも、ひとつひとつの文に意味はない。というか、1つの決まった意味があるわけではない。記号はどれも、いくらでもありうる置き換えが入る場所として一般化された表記だ。どの文も一度にとてつもない数のいろいろなことを意味している、なんて見方もできるかもしれない。

宙ぶらりんな感じだ。踏ん張りたくてもしっかりした床がない。現実と対応させたくても、はっきりした基準点がないし、たいていの人がふつうに数学と見なすものと対応させるのにも困る。代数学の教科書と何時間もにらめっこして、ページをあちこちめくっては、何でもいいから何かと関係がありはしないか、記憶をたぐってみることはできる。でも、そのうち証明や例にやっとのことでピンときたとき、たいてい頭に浮かぶのは、具体的なイメージじゃなくてパターンの感覚だ。「ここで何かが起こった。そして、あそこで対称性のある何かが起こったけど、鏡のように反転された」とか。はっきりとした関係や構造はあるけど、具体的な対象はない。

こういう代数について考えるためには、それにふさわしい心構えがなきゃいけない。樹木や椅子のような実世界のものを忘れなければいけないし、形や数のような数学世界のものも頭から追い払わなければいけない。かっちりした作法に則った瞑想に備えるかのように、頭を空っぽにすることが求められる。

じゃあやってみよう。こんな想像はできるかな。君はいままで、何かを見たことも、聞いたことも、感じたり嗅いだり味わったり触れたりしたことも、直感したことも学んだことも知ったこともまったくないとする。目が開くことは永遠にない。というか、じつは目を持っていなくて、目というものが何かを知らない。君は実体を持たずに虚空に浮かぶ意識だ。

君には考えることが何もない。まったく何も。知っている物事はゼロ。とっても退屈。気晴らしは何もなく、虚ろなまま永遠にじっとしているだけだ。

それがあるとき、メッセージを受け取る。精神に直接届けられたんだ（ついに！）。それによると「何かが存在する」。とても基本的なメッセージだけど、考える対象ができて君はワクワクする。**何かが存在する**。存在するのが何かはわからないけど、何かが存在すると知ったので、それに名前を付ける。g と呼ぶことにしよう。

ふつう、何かに名前を付けるときは、名前とその何かにつながりを持たせるものだ。でも、ここでは違う。語源もなければ関連のある音（おん）もなく、その名が g だと知ったところで、g と呼ばれるそれについては何もわからない。g は、言い表しやすくするために使う名前、というか記号でしかないんだ。とにかくこれで「g が存在する」と言えるようにはなる。この世界に存在することがわかっているすべてを表す概念図を描けるようにもなる。

$\bullet g$

でも、深読みのしすぎは禁物だ。その何かは実際には文字 g ではないし、ドットでもない。君が g と呼んでいる何か、という抽象的なアイデアを簡単にした表記というだけだ。

これでまた退屈になる。存在するとわかっているこの対象 1 つについて、できることはほぼやり尽くしたけど、一般的な何かが 1 つ存在する状況は何も存在しない状況と比べてとても面白いわけではなかった。君は虚無に戻り、これから数十億年間くるくる回して遊べる親指でもあればと願ったりする。

そこへ、ありがたいことにまた伝令がやって来て新しいメッセージを届ける。それによると、「別の何かが存在する」。何といい知らせ！　君はこの新しい何かを h と名付け、さっきのちょっとした概念図を更新する。

$\bullet g \quad \bullet h$

でもやっぱり、できることはせいぜいそれくらいだ。

新しい何かの存在をいくら耳にしたところで、できることと言えば、名前のリストに新しい名前を付け加え、概念図に新しいドットを書き足して、また虚無に戻ることくらいだ。「h は存在するか？」と聞かれれば、「存在する」と答えられるけど、伝令から聞いた以上のことは相変わらずまったく知らない。自力で新事実を明らかにすることはできないし、問いを立ててその答えについてあれこれ考えることもできない。この世界はリストに載っている無関係の対象からなっていて、そのリストをもとにできることはほとんどない。ああ退屈！

ほんの少しでも面白味のある何かが起こるためには、何かが存在するかどうかだけじゃなくて、何かが互いにどう関係しているかを知らなければいけない。

というわけで、こんな状況について考えてみよう。伝令がまたやって来てメッセージを届けたけど、今回のメッセージにはいままでになかったひねりがある。それによると、「何かが５つ存在していて、その５つにはそれぞれパートナーである何かがあって、それらもやはり存在している」。さあ、考えてみよう。このメッセージが描いている状況にはどんなものがありうるか。

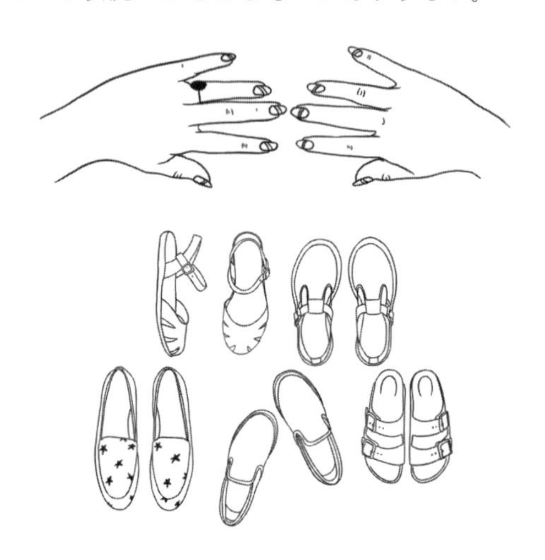

図の状況はどれもあのメッセージの説明に沿っている。表向きはかなり違うけど、どれにも似たようなパターンが見られている。どの状況でも、1 対 1 対応が 5 つできている。10 個の何かが、関係性のある 2 グループに分かれている、とも言える。今回受け取ったこの「パートナーである何か」関係についての追加情報によって、この世界に基本的な構造が強制的につくられているんだ。いまや対象は、互いに関係しながら共存している。ぜんぶに当てはまる形式というか秩序がある。全体が部分の集まり以上になっている。

これは正しい方向への一歩だ。なんといっても、実世界は対象どうしの関係がぎっしり詰まった構造になっている。ソファーと敷物があったとして、それらは虚空に浮いているわけじゃない。ソファーの「下」には敷物があって、その「下」には床があって、その「下」には下階に住んでいる人がいて、と続いて最終的には地球のどろどろのコアに行き着く。誰かの話をするときにも、「アディーが存在している」とだけ言っておしまいにすることはたぶんなくて、「アディーの爪は長い」とか言うだろう。もしくは、アディーとその爪との属性関係や、「アディーの爪」と「ほかの爪」を比べるとどちらが長いかという関係を説明するんだ。「アディーは人だ」という発言にだって、アディーと体のいろんな部分との関係やアディーと他人との関係、アディーと物理的な場所、出来事、習慣、信条、欲求との関係とか、いろんな関係がまるごと含まれている。この世界についての僕らの理解を（いちばん基本的で、抽象的で、地に足の着いたレベルで）なしているのは、対象と、対象どうしの関係だ。

実世界と同じく数学の世界についても、やることなすことすべてをこの基本的なレンズを通して理解できる。〈トポロジー〉では、形と呼ばれるタイプの対象と、伸び縮みさせるとどちらをどちらの形にも変形できるような２つの形に当てはまる「同じ」関係とに目を向けた。あの「同じ」関係からは、雑多な形を分類するための秩序あるシステムができた。同じように、〈解析〉では「よりも大きい」関係をもとに、空集合から無限大や連続体やその先までの何かからなるすべての集まりの秩序ができた。

でも、さっき僕らは実世界や数学の世界をあとにした。こうした事柄のことはすっかり忘れて、虚空に浮かぶ意識と、存在する何か５つとこれまた存在するパートナーである何か５つの話に戻ろう。

対象には名前を付けたいし、ドット図もつくりたい。ただし、対象に10個の違う名前をランダムに割り振るのはあまり褒められたことじゃない気がする。それらが何なのかが反映されないからだ。とはいうものの、ここでの名前には何の意味もないから、ランダムで**かまわない**。それでも、自分が楽できるように、書き表そうとしている世界の秩序が反映された名前を選ぶのがよさそうだ。ドット図についても同じで、ドットをランダムに散らしてもいいけど、パートナーである何かだということを表そうというなら、そのやり方はやめたほうがいい。

何かしらの組織構造を持つ世界として、上の図の世界は考えられるいちばんシンプルな類いだ。願ったり叶ったりだ。なにしろ、数学者は物事をシンプルにすることが大好きだから。これこそ抽象化の心髄。おかげで、秩序や形式の性質について、状況や詳細にまったく縛られずに考えていける。

じゃあ、秩序や形式について具体的に何がわかるだろうか。パートナーである何かが存在する、というこの構造化された世界は、無関係の対象の集まりと質的に何が違うのか。

まず、前の世界についてはできなかった形でこの世界について語ることができる。「g のパートナーである何かは $\hat{g}$」とか、「h と j は互いに、パートナーである何かではない」とか、「$\hat{k}$ にはパートナーである何かがあるけど、それは g ではないし、h とパートナーである何かでもない」とか言える。前の世界には対象どうしに関係性がなく、言えたのは何かが存在することだけだった。実世界の場合と同じで、言葉の本質も関係性だ。

これは、問いを立てて答えを求められる、ということでもある。「g のパートナーである何かはどれか？」とか「自分のパートナーである何かから見て、パートナーである何かではない対象はあるか？」とか。こうした問いに答えるのは簡単だ。いま扱っているこの世界では、まだほとんど何も起こっていないから。それでも初めて、発見を待つ何かが存在しているかもしれない状況になった。

一歩引いて考えてみるに、抽象代数の背後には、「数学で扱うのは何もかも、本質的にこの基本的なパートナー世界のごくわずかに複雑なバージョンだ」という発想がある。対象があって、対象どうしに何かしらの関係があって、知っている物事があって、知らない物事がある。代数学者は、考えられるどんな数学的な問いも、抽象代数の言葉に翻訳して代数のツールで解けると確信している。

この信条は数学じゃない分野でも見られている。西洋のアカデミックな哲学や科学はたいてい、人間が扱う物事はそれこそ何もかもがシンプルな数学構造に抽象化できる、という発想を軸にしている。ばかげて聞こえるし、実際にばかげていて間違っているという可能性はとても高い。でも少なくとも、これは強力な発想で、人間が自然のしくみを理解したり新しいテクノロジーを開発したりするのに貢献してきたとは言える。

とはいえ、パートナーである何かの例は基本的すぎてやっぱり面白くないから、抽象構造のシンプルな例を最後にもう1つあげたい。知っている物事を、もう一度だけすっかり忘れよう。準備はいいかな。こんなメッセージが届いたとする。「特別な何かが3つ存在する。それを『ワグ』と呼ぼう。また、『ワグ』の可能な組合せはそれぞれやはり存在する何かだ」〔「ワグ（wug）」は言語学の実験用に創作された、現実には存在しない偽単語〕

伝令は何を伝えようとしていると考えられるだろうか。シンプルに名前を付けてみると、たとえばこんなふうになる。

g　h　j　gh　hj　gj　ghj

じゃあ、ドットはどう並べるべきだろうか。この構造を図を使って見える化するとどうなるか。うまくいきそうなやり方はいくつかあるけど、こんなのはどうか。立方体の頂点だ。

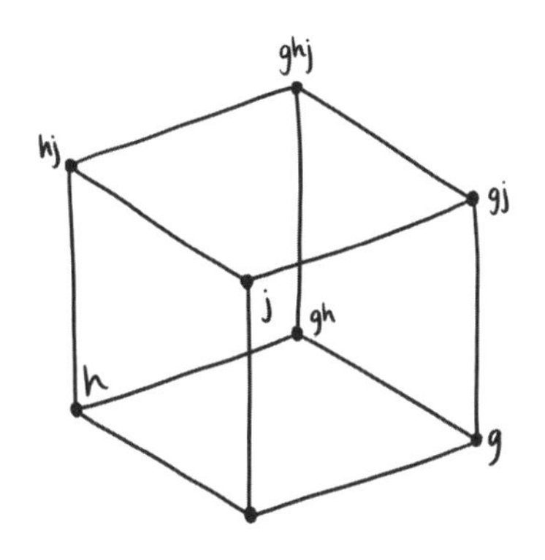

少しばかり時間を取ってこの図を眺めて、なぜ立方体がこの構造の表現として機能しているのかをかみしめてみよう。手前下の頂点が表しているのは空の対象、つまりワグ0個の組合せだ。そして、ワグそれぞれは3つの次元のどれかに対応している。ワグを足すには、その方向に移動する。

こうした構造図は決まってきれいな対称性とパターンを備えているものだ。立方体で中心を挟んで対称の位置にある頂点どうしが対立する名前になっていることに気づいたかな。これは基本構造がうまく捉えられている証拠だ。

これと構造がまったく同じ別の世界ということでは、3ビットの2元列ぜんぶの集まりもそうだ。言ってみれば、オン／オフスイッチ3個が取れる状態だ。

ここでのワグはスイッチ、空の対象は3個ぜんぶがオフの状態だ。

ほかにも、円が3つのベン図も同じ基本構造の一表現と言える。

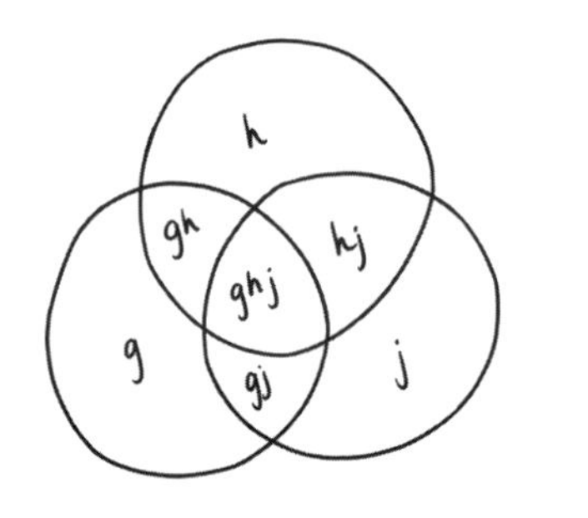

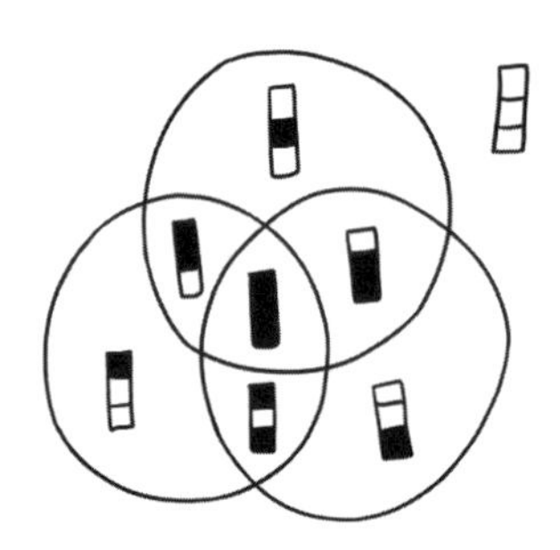

この同じパターンに当てはまるシステムを最後にもう1つ。色だ。

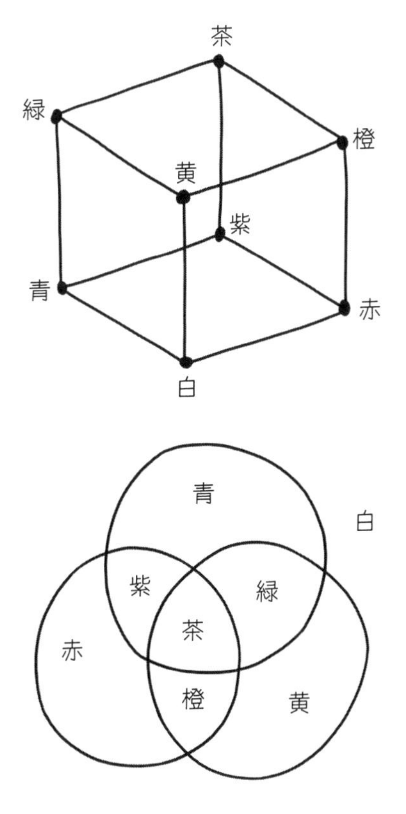

面白いことに、30の因数もまったく同じパターンに当てはまる。どういうことかはこれから見せるけど（なにしろきれいだ）、細かい説明は省くから、具体的なところは自分で確かめてほしい。

詳細は別として、ここで伝えたいのは、同じ基本的な抽象構造が、見かけの違うシステムとして数限りなく現れる可能性がある、という一般論だ。それぞれの例で対象はまるで違うけど、対象どうしの関係はまったく同じだ。

	ワグ	結合	何もなし	すべて
ghj世界	文字	連結		ghj
立方体	次元	→↑	手前下の頂点	奥上の頂点
ビット列	位置	上書き		
ベン図	円	重なり	外部	中央の領域
色	原色	混合	白	茶色
30の因数	素数	乗算	1	30

この「同じ抽象構造」という等価性についてはこんな考え方もできる。ある対象からなる集合について言えることは、その対象を指す言葉を別の何かに入れ換えて言っても成り立つ。

$$g \cdot h = gh$$

赤・青＝紫

このタイプの等価性には正式な数学用語があるんだけど、対応するやさしい表現がない。2つのシステムが同じ抽象構造を持っていることを、数学者は「同型」と表現する。色や3ビットの2進列や立方体の頂点はみんな同型で、概念的に同じ形をしている。

代数の教科書で「同型」という用語が出てきたら、著者はたぶんとても厳格な意味で使っていて、2つのシステムはまったく同じ構造をしていて違いがぜんぜんない、と言っている。そんな数学者も、実世界の何かが同型だと口走ることがあって、そのときの意味合いはたいていもっとあいまいで感覚的だ。こっちの意味では、カードゲームの「UNO」と「ページワン」は同型だとか、『ライオンキング』と『ハムレット』は同型だとか言えるかもしれない。数学的に厳密な意味では正しくないけど。

代数学者にとって、同型であることはエレガンスと美の極みだ。2つの無関係の状況が、じつは同じ基本的な関係性を持っていたなんて。美しい！ これで世界は少しばかりシンプルになった。それまで2つの別問題だったもの、ことによっては100個の、もしかすると無限個の違う問題だったものが、たった1つの問題に落とし込まれたことになる。人類による理解は深まった（少なくともこれが僕の抱く代数学者のイメージ）。

ある種の抽象化／落とし込みのプロセスが働く様子は、じつはすでに見ている。そこではそうと指摘しなかっただけだ。ホテル・インフィニティーの話を思い出すか、あのページに戻るかしてみよう。満室のホテルに客を新しく入れるという状況は、「無限大＋1」という抽象構造を持っている。何かの入った底なしの袋に何かをもう1つ入れることも、同じ「無限大＋1」だ。「無限大＋1」という関係性をあるシナリオでひとたび把握したら、同型のどのようなシナリオにもまったく同じ論理を応用できる。

考えてもみてほしい。そもそも「無限大」や「1」とはどういう意味？ 「1」の「何か」って？ どっちも抽象概念だ。1羽のアヒル、1本の髪の毛、1滴のしずく、1分の時間、のようになんともいろんな事例に当てはまるけど、「1」そのものに意味はない。「1」は繰り返し見られる現象に置き換え可能であることを示す記号。言い換えると抽象的な対象、純粋な数学的対象だ。

じゃあ、「純粋な数学的対象」っていったい何？　本当に存在するのか、それとも想像の産物にすぎないか？　こうした疑問については数理哲学者が議論している。数学的対象は比喩なんかじゃなくて、どこか遠くの純粋抽象宇宙に実存している、と考えている学者もいる。数学を研究しているときの人間は、もっとシンプルな世界を垣間見ているというわけだ。この純粋数学宇宙、言ってみれば「プラトン領域」は、僕らの世界よりも基本的で美しく、自由じゃなくて偶然の影響を受けない。そう彼らは信じている。

そのとおりかどうか、僕にはわからないけど、抽象的な対象を扱うときに役立つ考え方だとは言える。この ghj 構造が何であろうと、あの何もない空っぽの数学世界でじっとしながら想像することができる。見かけは知りえない。純粋な「1」の見かけを知りえないのと同じこと。でも、この世界に投げかけられた多種多様な影なら、立方体やベン図などあれこれ目にできる。じゃあ、ここで取り上げている対象は？　この発想の骨格、僕がこの頭から君の頭へ伝えようとしているこの抽象代数的な形式についてはどうなのか？　こっちは単なる何か、構造だ。名前を付けることはできるので、数学者は Z_2^3 と呼んでいる。

そう、そのとおり。数学者は考えられる抽象構造をぜんぶ見つけて名前を付けて分類することを使命にしているのだ。

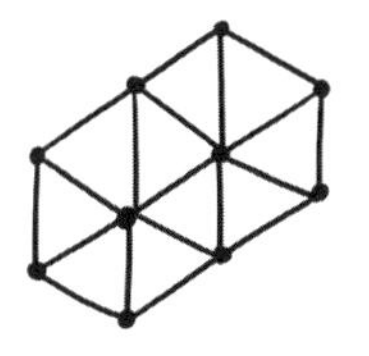

構　造

Structures

心配しなくて大丈夫。ここで、考えられるすべての抽象構造を徹底的に分類しにかかったりはしない。そんな時間が誰にある？構造はなにしろたくさんあるけど、それも当たり前。なにしろ、「構造」は意味がとても広い概念だ。多様体を分類したときには次元の順に形をいくつか描き出していったけど、代数構造の分類でやっているのはそれとは違って、地球上の生命の種（しゅ）をぜんぶ分類するという作業に近い。階層をなしていて、いちばん上が「構造」で、その下には認められている構造カテゴリーとして「体（たい）」、「環（かん）」、「群」、「ループ」、「グラフ」、「格子」、「順序」、「半群」、「亜群」、「単位的半群」、「マグマ」、「加群」なんかがあって、そのまた下には数学者がゆるく代数と呼んでいる何もかもがある。どの下位カテゴリーにもそのまた下位カテゴリーがあって、それらにもまだ下位カテゴリーがあるし、性質や特徴でもっと細かく分類できる。なんとも壮大な分類システムだ。

ということで残らずあげるつもりはないので、ここでは実在する構造の例をいくつか見ていこう。そこらで見かけそうな構造を選んだけど、忘れないでほしいことがある。それは、プロの数学者は、数学を離れたところで何と共通点があるかとか、何に役に立つかとかには特に興味を持っていないことだ。代数学者は自分が面白そうだとかエレガントだとか思った構造を研究するのであって、それが実世界によく知られた形で現れていてもいなくても関係ない。

集合

集合はいちばんシンプルな構造だ。シンプルすぎて、これを構造と見なさない学者もいる。集合には「対象の集まり」というほかに関係や属性はない。

集合の例を１つ。その名は「2」。決まった形を持たない抽象的な対象で、実際に見ることはできないけど、実世界ではこの構造を持つシナリオはいろいろ考えられる。

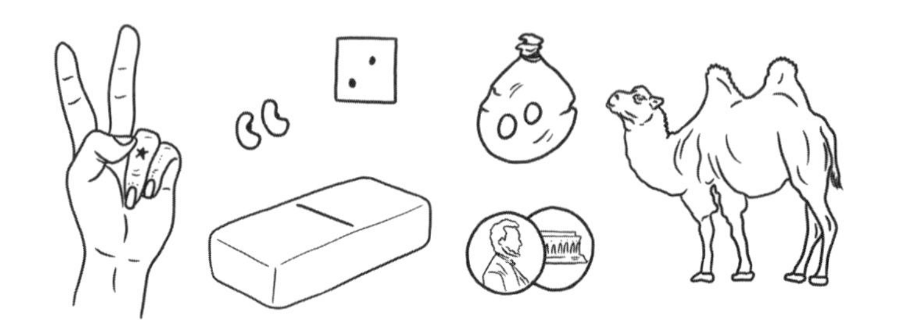

集合に「正しい」見方とか描き方とかはない。そもそも、どんな構造についてもこれだけという「正しい」見方はない。

この「2」という名の集合は、存在するたくさんの集合の１つだ。有限集合は分類しやすくて、どれも次のどれかと同型だ。

それからすると、無限集合は控え目に言っても少々ややこしい。

グラフ

グラフは集合に似ているけど、構造をもう1つ持っている。グラフでは、一部の対象どうしが互いに特別な関係にある。グラフの場合、対象はドットで、関係はドットを結ぶ線で表せる。

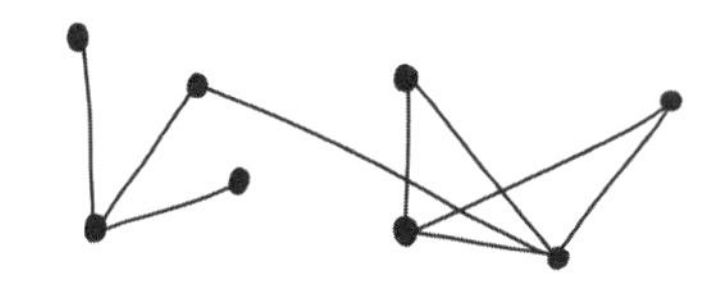

これはそれぞれのドットを人、線を友だち関係としたソーシャルネットワークの構造と見立てられる。少なくともFacebookやLinkedInのようなウェブサイトで、ソーシャルネットワークはこんなふうに構造化されていて、友だち関係は2値、そして必ず双方向的だ。

このグラフでのつながりに「友だち関係」よりも細かい関係を選ぶこともできる。目を合わせながら言葉を交わしたことのある2人とか、キスしたことのある2人とかをつなげるのもいいし、IMDbという映画データベースに載っている映画での共演経験がある2人に限ってつなげるのもありだ。

グラフについてはよくこんな疑問が出てくる。相互結合はどれくらい密か。どのような集団に分けられるか。互いにつながりのない2つの部分にきれいに分けられるか。

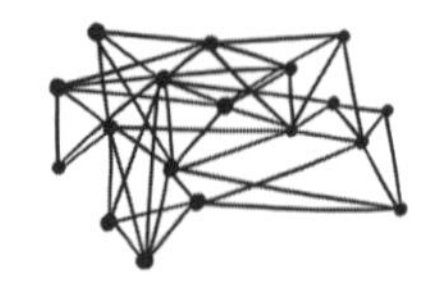
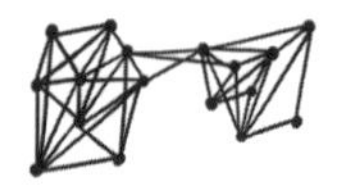

線が交差しないように描けるか。ほかとつながりのない孤立したドットはあるか。つながりがいちばん多い対象はどれか。「友だちの友だち」みたいな2次のつながりがいちばん多い対象はどれか。いちばん中心的な対象、言い換えれば、その他すべてとの隔たりがいちばん小さい対象はどれか。

人は世界中の誰ともせいぜい6次の隔たりしかない、という話が本当なら、僕らのソーシャルグラフの「直径」は6だ。そして、決まったドットからの「半径」を計算することもできて、俳優は誰もがケヴィン・ベーコンからの隔たりがせいぜい4次、とか言える。

考えられるすべての連結グラフのリストを、ドットの数の少ないほうから少しばかり見てもらおう。

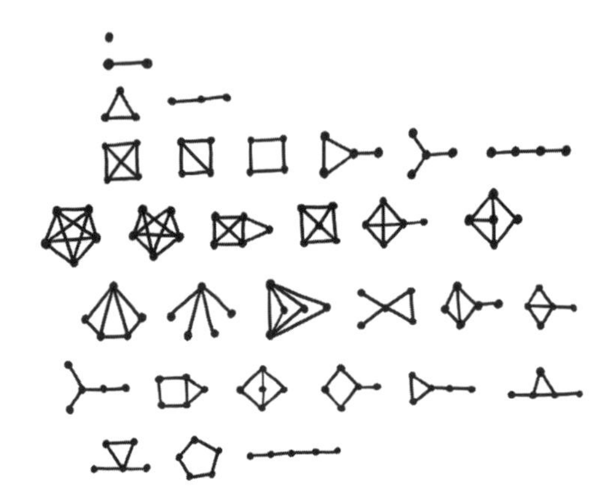

重み付きグラフ

実世界での友だち関係は2値っていうよりは連続体じゃないのか、と思っているかもしれない。2人のあいだに考えられる関係は、0（会ったこともない）から無限大（離れられない）までいろいろだ。こんな関係を持っている構造が重み付きグラフだ。

考えられるすべての重み付きグラフについては、リストをつくりにかかることすらできない。2人についての重み付きグラフでさえ、考えられる選択肢の数は連続体と同じだ。

有向グラフ

有向グラフはグラフと似ているけど、使われるのは対称的な線じゃなくて1方向の矢印だ。

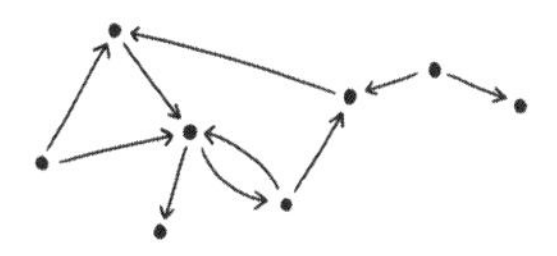

Instagram や Twitter のユーザーは有向グラフになっている。自分をフォローしていない相手をフォローできるから。

そもそも、インターネットの構造が有向グラフになっている。ドットはそれぞれのページを示すノード、矢印はあるページから別のページへのリンクで、クリックしてページを次々と渡り歩くユーザーは矢印の連鎖をたどっていることになる。いまどきの検索エンジンは、表示する検索結果の並べ替えにグラフ理論を応用していて、自身を指すリンクの数が多いページほど上位に表示される（だけど、広告とか、検索語句との類似度とか、ほかの要素も考慮されている）。

ジャンケンも３ノードの有向グラフとしてモデル化できる。

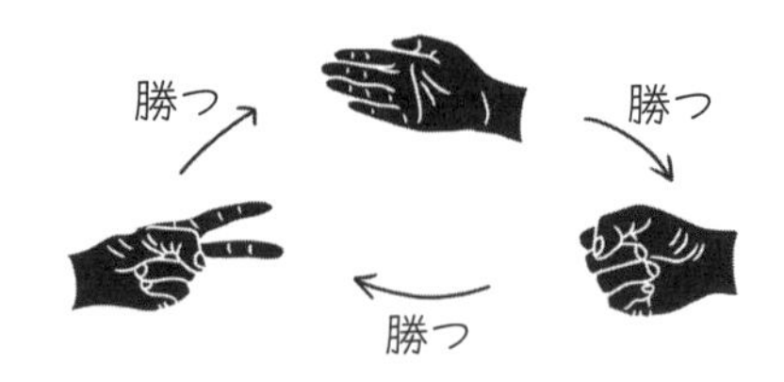

有向グラフについては「循環があるか」という問いがよくされる。矢印の連鎖をたどっていくと、いつか出発点に戻ることがあるか、という話だ。循環は、ジャンケンにはあって、典型的な食物連鎖にはない？

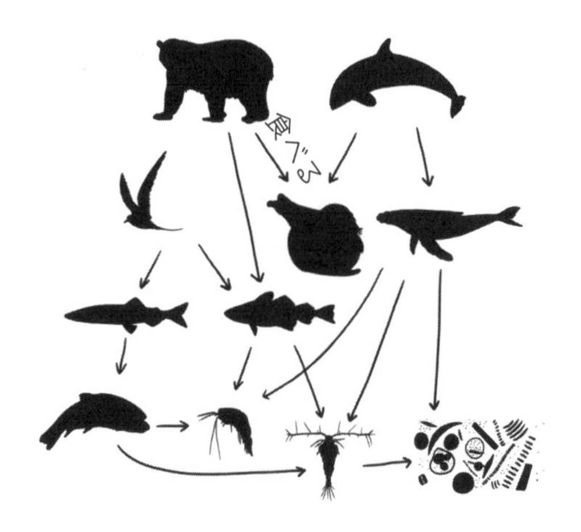

連結有向グラフをノード数の少ないほうからいくつか見てもらおう。

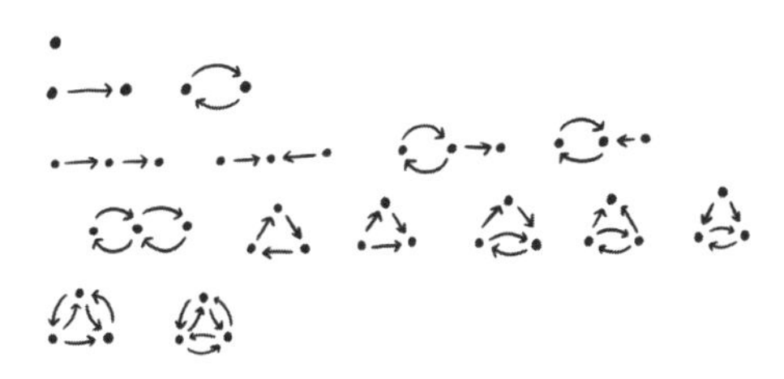

有向グラフの数は3ノードを超えると急に増える。次に示すように、4ノードを1列に並べた場合に限っても、違う構造がいくつもある。

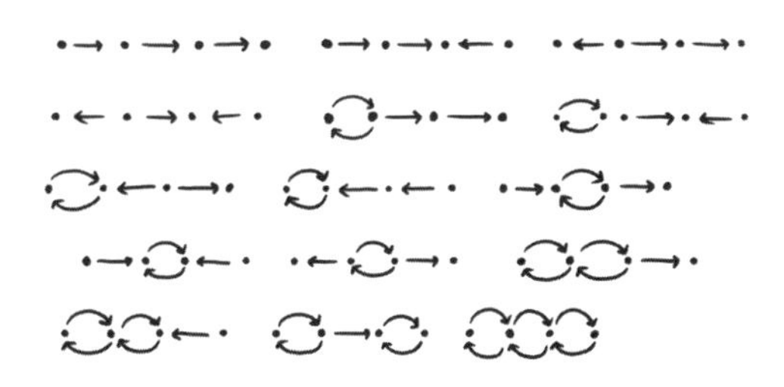

ゲーム木

数学者が喜んで検討するタイプの2プレイヤーゲームがある。チェッカー、チェス、三目並べ、囲碁、コネクト4、リバーシ／オセロがそろってこのカテゴリーに入る。どのゲームをとっても運の要素がなく、ゲームの進行や手の内のような情報がすっかり明らかな状態で、2人のプレイヤーに手番がかわるがわる回ってきて、どっちかの勝ちか引き分けで終わる。組合せゲームと呼ばれていて、一種の構造として研究できる。

三目並べを例に見ていこう。ノードは手を打てる盤上の位置で、矢印には×が打てる手と〇が打てる手の2種類がある。

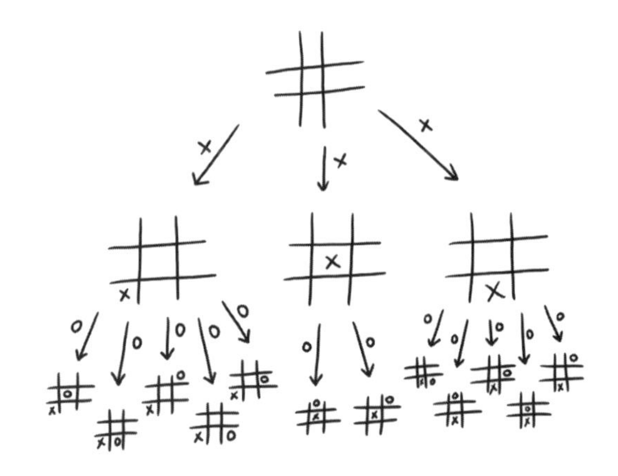

「ゲーム木」を使うと、三目並べの成りゆきを最後まで、×矢印と○矢印が交互に続く木をたどる道すじとして追うことができる。

チェッカーやチェスのような組合せゲームは、どれもこんなようなゲーム木として表せる。囲碁のようなゲームには手番ごとにルールに沿った手が何百とあるから、そのゲーム木を実際に紙に書き出そうなんて考えないほうがいい。でも、ボードゲームをプレイするコンピューターは、勝ちにつながる戦略を見つけ出すためにゲーム木をしらみつぶしに調べるようプログラムされている。

知っていると思うけど、三目並べはお互いベストの手を打つとぜったいに引き分ける。面白いことに、組合せゲーム理論によると、組合せゲームは例外なく先手必勝、後手必勝、必ず引き分けのどれかだという。プレイヤーがお互いベストの手を打つなら、ゲームの結果は最初から決まっているわけだ。チェスや囲碁のような複雑なゲームの最適な戦略はまだわかっていないけど、理論上、運に左右されず、関係する情報が隠されていないゲームはどれも「可解」だ（巻末参照）。

証　明

組合せゲームを何かしら選び、そのゲーム木をすっかり書き出す。2人のプレイヤーを×と○としよう。ゲームが終局するマス目にあたるノードを、×が勝ったところは緑、負けたところは赤、引き分けたところは灰色に塗る。

これで、終局した位置に限らずほかの位置にも色を塗れるようになる。×の手番のときに、緑の（勝つ）位置を指す×矢印が1つでもある位置は、緑色に塗る。×は勝つ手を指せるから。×矢印がぜんぶ赤（負け）の位置を指している位置は、赤に塗る。赤（負け）の位置を指す×矢印と灰色（引き分け）を指す×矢印がどちらもある位置は、灰色に塗る。×は引き分けを選べるから。

こんなふうにして、ぜんぶの位置に色が塗られるまで木を上へ登り続ける。

開始位置の色は何色か？　緑なら、×が必ず勝てる。赤なら、○が必ず勝てる。灰色なら、どっちも最善手を指すと引き分けになる。

QED

チェッカーとコネクト４については、高性能のコンピューターでゲーム木をしらみつぶしに調べて解かれている（お互いミスなく指すと、チェッカーは引き分け、コネクト４は先手が勝つ）。でも、考えられるすべての状況の完璧な戦略を人間が覚えていられるとは思えないから、実際にはどっちのゲームもいまでも楽しくプレイできる。前にも言ったとおり、チェスと囲碁についてはまだ解かれていないけど、チェスのトッププレイヤーの中には、完璧な指し回しをするとぜったいに引き分けるのではないかと言う人もいる。

家系図

家系図もノードとリンクからなるグラフのような構造をしているけど、それぞれのリンクは枝分かれする矢印の形をしていて、これが親子関係を表している。

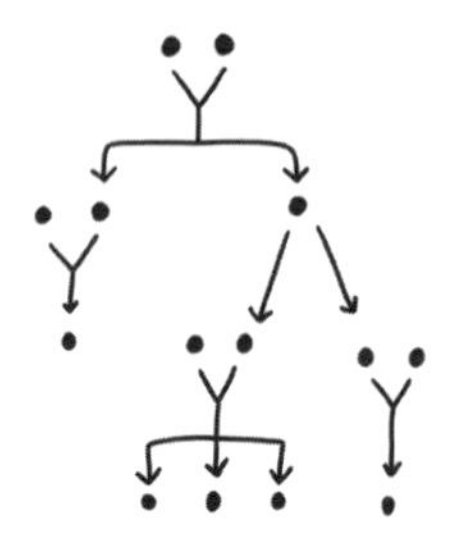

親子関係を示す矢印は、親が２人いなければいけないことにもできるし、別の家族構造でいいことにもできる。親の人数に制約のない家系図を、ドットの数の少ないほうからいくつか見てみよう。

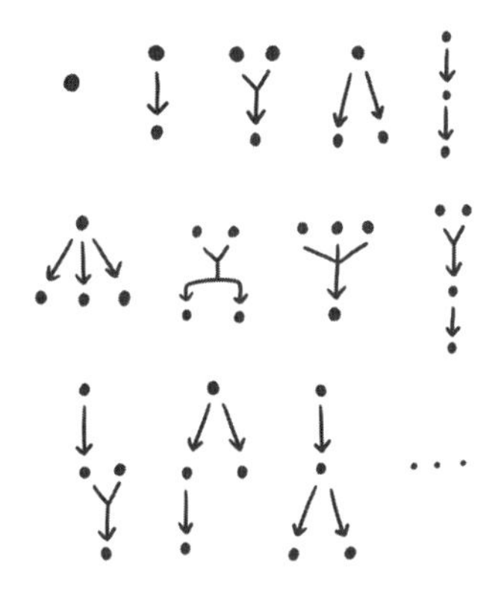

大事なことだから繰り返そう。ドットと矢印を使ったこうした図は、構造を表す便利なやり方の 1 つでしかない。構造そのものに実体はなくて、代数学者は構造を、図を使わずに数学用語だけで、たとえばこんなふうに記述することが多い。

> 「家系図」とは、親集合 $P \subseteq S$ と子 $x \in S$ とのあいだに成り立つ親子関係 $\{(P_i, x_i)\}$ を備えた集合 S である。

対称群

対称群を取り上げないわけにはいかない。なにしろ、代数学者は対称性に取りつかれている。理論物理学者も対称性のとりこになっていて、近ごろは大勢の理論物理学者が、いろんな対称性の扱いに慣れるために群論を勉強しなきゃいけなくなっている。

もう気づいているかもしれないけど、形やパターンや対象が違えば、そこに見られる対称性も鏡映、回転、並進、膨張などといろいろだ。

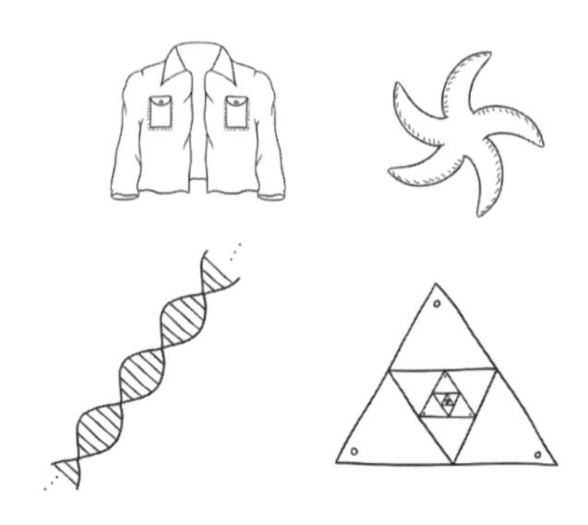

それぞれの対称性には、下位の類型が本当にたくさんある。たとえば、回転対称性には離散と連続が考えられる。

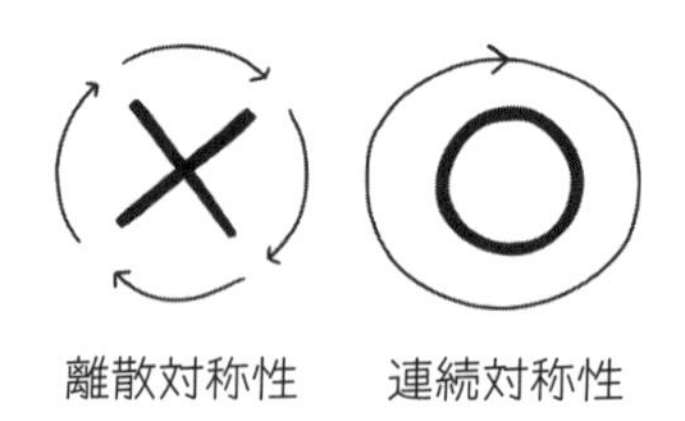

回転対称性が複数の軸に存在することもある。

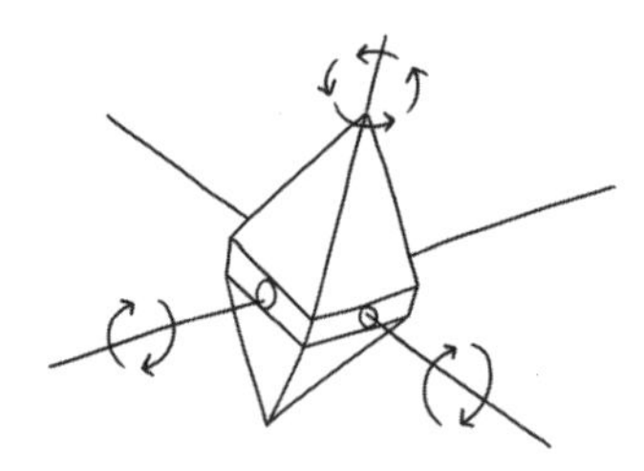

回転対称性とほかの対称性が共存することも考えられる。

いろんなタイプの対称性を代数構造としてシステマチックに表すやり方は、群論学者がもう考えた。形の例をいくつか、それにあたる対称群と一緒に見てみよう。

図の例に見られる対称性は1種類ずつだけど、それが複数になると群構造も少しばかり込み入ってくる。次の図は、ある正方形の対称群の例だ。矢印が2種類あって、片方は左右鏡映、もう片方は時計回りの1/4回転になっている。

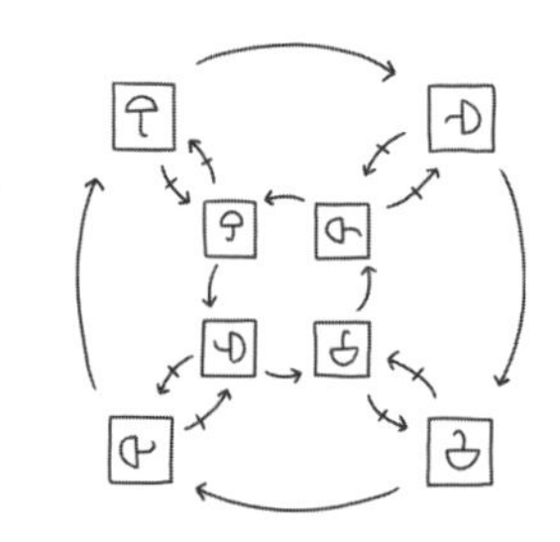

壁紙群

最後に、対称群の下位カテゴリーを１つ。平面全体を覆い尽くすのに使える対象やパターンに見られるのが壁紙（文様）対称性だ。次のデザインにはどれにも壁紙対称性はあるけど、ほかの対称性はない。

それに比べて、次のデザインには壁紙対称性と４回回転対称性がある。

そして、次のデザインには壁紙対称性、鏡映対称性、６回回転対称性がある。

 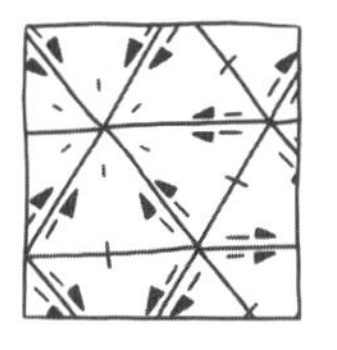 

抽象代数の美しくて興味をそそる帰結によると、壁紙対称性には17種類がある。その例を1つずつ見てもらいたい。

構造の例をあげるのはこれでおしまいにするけど、カテゴリーはほかにもまだ本当にたくさんあることは覚えておいてほしい。

代数構造は、パターンと規則性があるものなら、英語の構文、符号と暗号化、音楽理論、ルービックキューブ、アナグラム、素粒子、サプライチェーン、多項式、ジャグリングなどなど、何のモデル化にも使える。パソコンやスマホのデータはぜんぶ、データ構造としてメモリーに保存されているけど、この「データ構造」も一種の代数的対象だ。代数学には「圏論（けん）」という、構造の種類を研究する「数学を数学する」みたいな分野もあって、いろんな対象のあいだにパターンや関係がありはしないかと探している。

結局、代数構造とは互いに関係のある何かの集合ということになる。これは応用範囲のとても広いツールだ。だからこそ大勢の代数学者が、その気になればこの宇宙にあるすべてのものは何かしらの代数構造で表現できる、と確信している。

推　論

Inference

ちょっと実世界の話に戻ろう。100 万人が毎日他人と関わりながら暮らしているどこかの都市について考えてみたい。そこにはどんな関係が存在しているだろうか。この人たちがなすネットワークは何構造か。シンプルじゃないのは確かで、さっき見たどの構造からも複雑さのレベルはかけ離れている。どこかの都市に暮らす人たちについて何が言えるか、いろいろ考えてみよう。「チャーリーにはフランスにいとこがいる」とか、「デビーとマックスは前の 10 月の週末に旅行した」とか。こういう関係は「赤・青＝紫」とはほど遠い。

ただ、僕らは実際に構造の中で暮らしている。複雑すぎて、代数のような正確な分析はできないけど、構造は構造だ。食べるもの、寝る場所、愛する人のような事実は、信頼、取り引き、権力、労働、圧力、伝統、責任とかについての近場の、地域の、そして世界全体のネットワークの中に存在している。これらぜんぶを 1 画面に表示したらどう見えるかを、矢印とドットの関係すべてを、細かいところまで知らなくたって、互いに関係のある部分でできた1つの大きなシステムをそれらが何かしらのレベルでなしていることは理解できる。

構造の中にいることは、紙に描いた構造を上から眺めるのとは大違いだ。外から見ると何でもわかる。そこにあるものすべてが、それらのあいだの関係もぜんぶ、一目で見て取れる。それに比べて、システムの中にいて見えるのは、こまごまとした断片ばかり。持っているのは、関わりのある他人についての知識と、身の回りのネットワークの外で起こっていることについての手掛かりくらいだ。

だけど、限られた情報というこの出発点から、人はこの世界についていろんなことをうまく理解している。パターンを発見してはすき間を埋めている。常識と論理を頼りに、手に入れた小さな断片を役に立つ新しい知識に変えている。いったいどうやって？

人はいつでも筋道を立てて考えている（難しく言うと「推論」している）けど、それがどれほどすごいことか、一歩引いてあらためて評価する価値がありそうだ。知っている物事――耳にすることや直接見て取れること――を、頭の中でシェイクして魔法のように新しい何かに変えると、それも知っている物事に加わる。街路表示を1つでも目にすれば、進んでいる向きと公園までの道すじがすぐにわかる。海面が上昇していると聞けば、島暮らしの人たちが危険にさらされていることがわかる。こうもすらすらと

結論を導けることには、システムが複雑になるほど感心させられる。

こうやって真である言明から別の真である言明を導いているとき、どんなしくみで何が起こっているんだろうか。僕らはどんなときに間違いなく推論できるのか。そしてどんなときに間違った結論を出してしまうのか。

数学者が推論を研究しているのは推論に興味があるから、そして実用性があるからだ。推論のプロセスを科学に落とし込めれば、ひょっとすると形式化して自動化できるかもしれない。それができれば、基本的な事実を入力して［推論］ボタンをクリックすると、そのシステムについて知らなければいけないことが何でもわかるようになるだろう（少なくともこれが夢）。

残念ながら、実世界は複雑で、システム化が難しい。起こっている物事はそれこそいろいろで、はっきりしたルールはない。それならどうするか。抽象化だ！　もっとずっとシンプルな世界を思い浮かべて、推論がそこでどう機能するかを調べるんだ。行きすぎなくらいにシンプルにされたシナリオを使って様子を探ると、一般的なケースで推論がどう機能するかを感覚的に掴める。

さっそくやってみよう。推論について検討できそうな簡単なシステムにはどんなものがあるか。ちょうどいいことに、〈構造〉で見た基本構造の例が使える。ここでは、家系図を取り上げよう。システムが家系図のとき、推論はどんなふうに機能するか。

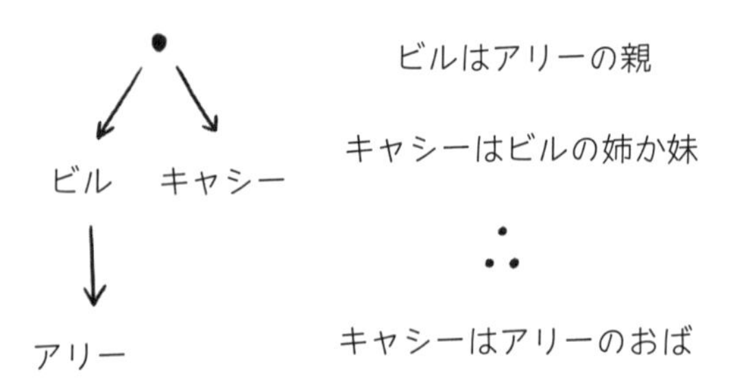

僕が君に「ビルはアリーの親だ」と教え、君は前に「キャシーはビルの姉か妹だ」と聞いていたとしよう。すると、君はこれらの情報をもとに、キャシーはアリーのおばだと推論できる。

これはアリー、ビル、キャシーだけについての推論だけど、同じ推論パターンはほかのケースにももちろん当てはまる。ビルにゼブという子もいたら、キャシーはゼブのおばでもあるとわかる。キャシーにも親がいて、その人に姉か妹がいるなら、キャシーにはおばがいることになる。「おば」については、考えられるどんな家系図でも成り立つ一般的な推論ルールがある。

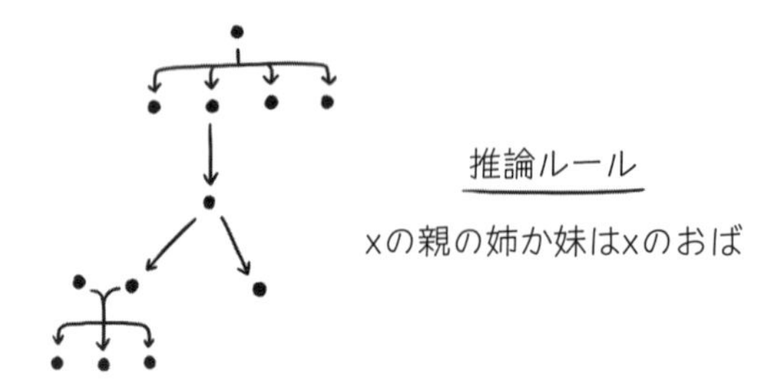

これを「ルール」と呼ぶのは確かにおおげさかもしれない。おばかどうかを判断するのに公式ルールブックか何かを調べる必要なんかない。キャシーがアリーのおばだということくらいは直感

的にわかったはずだ。

ここでは、人の脳がシステムについての推論をどう進めるかを理解しようとしているわけじゃない。それは心理学者や神経学者の仕事だ。ここでの関心の的は推論そのもので、誰がどう推論するかに関係なく、どんな推論が合理的なのかを知りたい。推論ルールからはシステム固有の論理がわかる。いつどんな気分のときに推論しても、親の姉か妹はおばであって、そこに議論の余地はない。

このおばの例はとうてい推論とは思えないだろうから、前の〈構造〉で見た別の構造について考えてみよう。今度はゲーム木だ。三目並べをしているときに、こっちがある手を打つと、勝ちパターンを一度に２つつくるチャンスが相手に生まれると気づけば、その手はダメだと判断できる。これは推論で、何かしらの推論ルールに従っている。

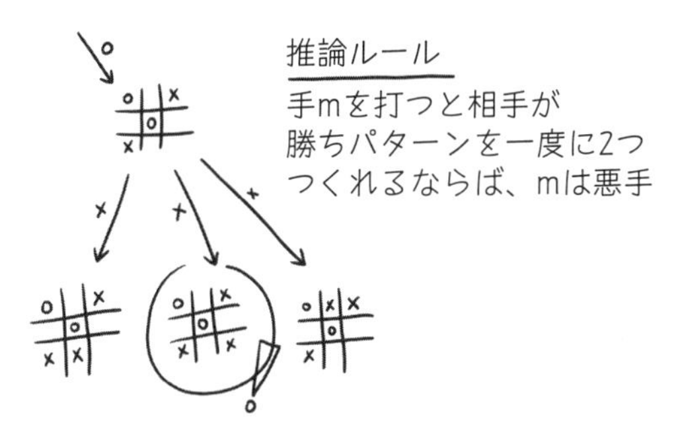

もう１つ、とてもシンプルな例として順序集合を取り上げよう。太陽が地球よりも前からあって、地球が月よりも前からあると知っているなら、当たり前だけど、太陽は月よりも前からあると知っていることになる。

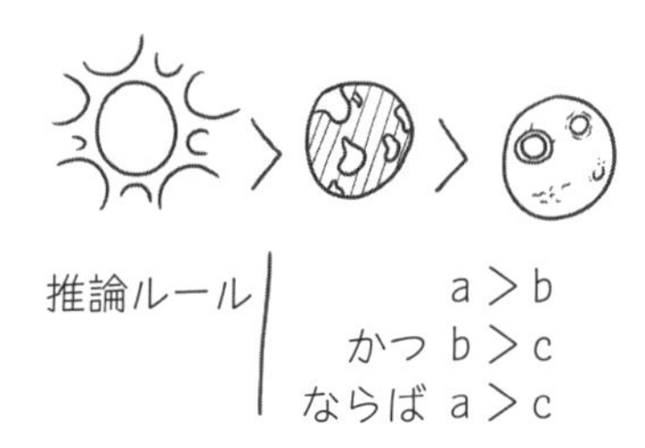
推論ルール
a > b
かつ b > c
ならば a > c

（順序集合は〈構造〉では構造カタログに含めなかったけど、とても直感的な概念だと思わない？）

こういう初歩的なシステムでは、推論は推論ルールに従って進める。どのシステムもある決まったパターンで考えを進めることができて、そのパターンを推論ルールとして書き出せる。

システムにはそれぞれ独自の推論ルール一式があって、そこにはシステムに含まれている知識ならではの構造が反映されている。チェッカーについて推論するなら当然、カーナビや社会運動について推論するときとは違う推論ルールに従うことになる。数学で扱う例は決まってむき出しだしシンプルにされているけど、もっと入り組んだ実世界のシステムでも、それについての推論ルールとして書き出せる一貫した論理があっておかしくないことは想像がつくだろう。

推論ルールの基本的な形式は、どのようなシステムでもこんなふうだ。

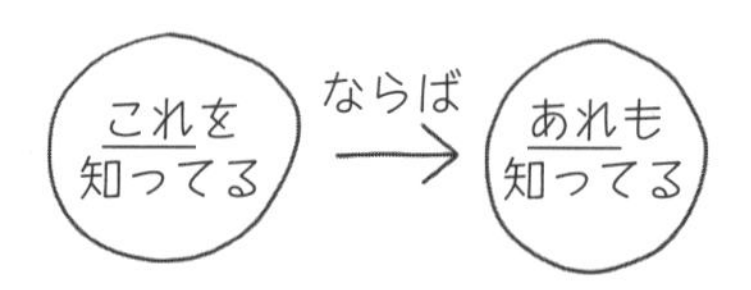
これを
知ってる
ならば
あれも
知ってる

推論ルールは、シンプルだけどとても強力だ。あるシステムについての推論ルールをリストにまとめられたら、それは知識の新しい貯蔵庫を開ける鍵を見つけたことになる。新しい知識が芋づる式に手に入り、たとえば A をもとに B を導いたら、B をもとに C を、さらには D、E、……を導きだせる。すると、A と D が同時に真なので、別の言明 P も真でなければならないとわかって、そこから推論の新しい連鎖が始まって、それがまた、前から知っていたほかの知識との組合せで新しい知識を増やす。そこへまた別の新しい事実がわかったとしたら、バーン、互いに関係のある真理が密なネットワークをつくりながら爆発的に広がっていく。

代数の大部分——抽象代数も学校代数も——は要するに、厳格な推論ルールを慎重に当てはめていくことにほかならない。x について解く学校代数の問題を思い出してみよう。そこでは出発点となる代数方程式が与えられて、それがシステムについて何かしらの事実を表している。君は推論ルールを当てはめにかかる。「これが真なら、両辺に 1 を足してもやはり真のはず」という具合だ。ひとつひとつの手順は基本的な推論で、このプロセスが終わると、ジャジャーン、x が何であるかがわかる。

x が x 以外の何ものでもないこともある。代数の宿題では出てきた結果にそれ以上の意味がなくて、せっかく解いてもすっかり無駄骨に思えることもあるね。でも、形式推論の同じやり方は実世界でも応用が利いて、役に立つ新しい情報を現に生み出している。例はそれこそいくらでもあるけど、その 1 つである GPS では、君から 3 基の人工衛星までの距離を測り、幾何学の推論ルールを使って正確な位置を割り出している。

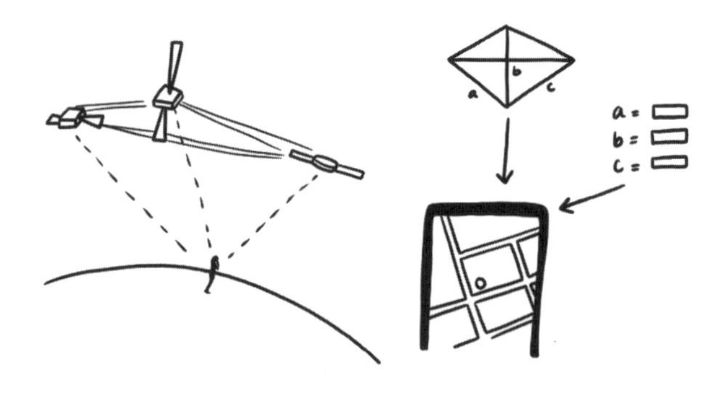

いまの世界は、こういう厳格でシステマチックな演繹処理だらけだ。それらはいろんな機器に組み込まれているし、天気を予測して安全に関する警告を発しているし、交通や貿易のネットワークとか政府のプログラムとかを管理している。企業は代数を使って儲けをできるだけ多くしようとしているし、広告主はアルゴリズムを活かして僕らが買いたくなりそうな商品を（妙に正確に）予測している。理論物理学者は抽象代数を操ってクォークと呼ばれる素粒子があることを予言したんだけど、その存在はのちに実験で確かめられた。応用の対象はそんな別世界の話のような物事に限らない。有史以来、世界中のいくつもの文化で、似たような

形式推論体系が、夜空の星の運動を予測するのに使われてきた。

数学者は形式推論ルールという発想が好きすぎると言っていいかもしれない。その理由を見て取るのは簡単だ。核となるごくわずかの真理から知識の密なネットワークが爆発的に広がるかもしれないって？　すごい！　考えてもみてほしい。紙とペンを用意して机に向かうだけで、どれだけの物事を明らかにできるものか！　ルールに従って記号を操れば、宇宙の新しい真理を知ることができるんだ。たすき掛けの演算をしたら現実の性質がわかった、という感じでね。

でもある時期、数学者はこの発想に毒されて暴走し始めた。この発想を逆転させたんだ。推論ルールを使って少ない知識をたくさんの知識に変えられるなら、まとまった数の事実から、その他すべてのこともわかるような、核となるごくわずかの基本的真理を導きだせるかもしれない、と考えて。

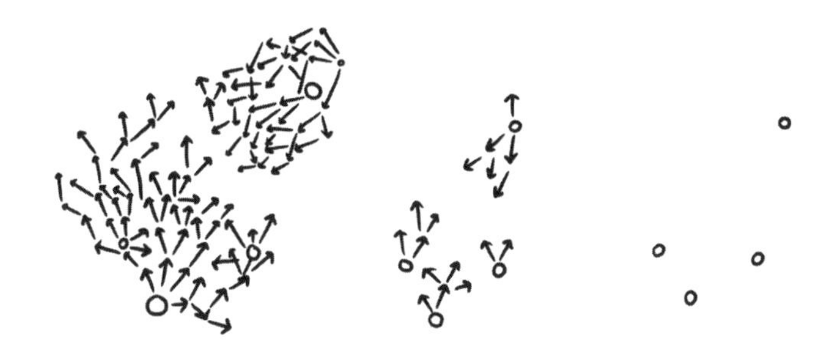

シンプルな数学体系なら、このワザでいけそうに思える。たとえば、数学者は算術の事実ぜんぶを次の 5 つにまで落とし込めた。

ゼロは数である。

・

xが数ならば
xの後者（直後）は数である。

・

ゼロは数の後者ではない。

・

同じ後者を持つ2つの数は同じ数である。

・

集合Sにゼロが含まれており、かつSに属する
どの数の後者もSに含まれているならば、
Sにはすべての数が含まれている。

これは「公理系」って呼ばれるものの一例だ。整数についての何もかも、乗算や素数なんかのもろもろについて、知りうることはこの5つの公理から（理論上は）すっかり導きだせる(巻末参照)。このことには本当に感心させられる。算術のシンプルでエレガントなスターターパックになっているわけだ。「僕はこの5つのシンプルな事柄を知っている。だから、僕は算術について知るべき事柄をぜんぶ知っている」と触れ回ることも可能だ。火をおこすときのように棒切れどうしをこすり合わせて宇宙をつくる、というくらい強力な感覚と言える。

現実問題として、新しいことを証明するのにこの5つの公理に立ち戻ることはまずない。公理から出発して、ほかの知識は何も使えないという縛りがあると、算術の基本的な事実を証明するの

もかなり大変だ。一例として、1+1=2 の証明がどれくらい難しそうかを見てほしい。

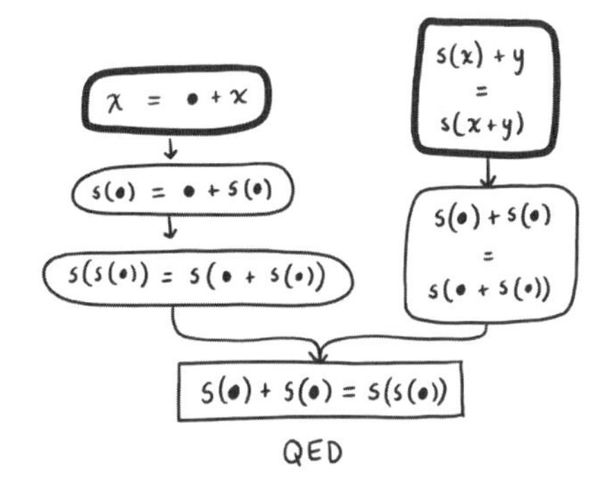

こんな感じの証明は「形式的証明」と呼ばれている。出発は公理から、そして許されるのは推論ルールを使うことだけ。直感や常識には頼れない。頼っていいのは推論ルールだけだ。公理から出発して証明した事実は使っていいけど、何もかも、元をたどるとこれらの公理に行き着かなければいけない。形式的証明の目標は、表現としての説得力を持たせることじゃなく（見た目はたいてい解読不可能だ！）、受け入れ済みの真理からなる厳格で揺るぎない体系の内部に自分の主張を位置付けることだ。

形式的証明をどこまで使うべきか。これは数学界で物議を醸している話題の 1 つだ。一般には、形式的証明は、この本でよく使う形式的でない直感的な議論よりも信用できると考えられている。かっちりしたルールに従っているから、人為的なミスが起こりにくいというわけだ。でも大勢が、特に学生は、やたらわかりにくくて好きになれないと感じる。なにしろ、見た目はなじみのない外国語のようだから。できる限り余計なところを省いて示されるのがふつうで、それぞれの段階がいる理由とか主張全体の説明とかはない。

君の好みがどちらだとしても、1つはっきりしていることがある。数学界で優勢なのは形式的証明だ。教室や非公式の場では直感の出番がまだあるけど、教科書や数学の専門誌はたいてい形式寄りで、公理から出発することはさすがにないけど、元をたどれば公理に行き着くことが前提とされている。ここ1世紀ほどの数学界では、数学の公理化と形式化を進めようという努力が一致団結してなされてきた。

何のために？　証明を何もかも形式化できたとしたらどうなる？　どんな御利益が？　いままで導いてきた定理から、疑問の余地をもっとなくせるかもしれない。真理の構造と性質について、何か知見がもたらされるかもしれない。新しい証明を生み出すよう、コンピューターをプログラムできるようになるかもしれない。証明を数学的対象に変換して、証明というものについての定理を証明できるようになるかもしれない。美的感覚に訴えるかもしれない。

でも、形式主義では不可能なことがある。形式主義にもとづいて世界を「真だと証明可能」か「偽だと証明可能」かで分けたりはできない。かつてこの分類は、形式主義への道を後押ししていた大きな原動力の1つだった。分類できれば、どんな文の真偽も決定できるシステマチックで客観的な手だてが手に入ると考えられていた。でも、この希望は打ちくだかれた。劇的に、永遠に。

真と偽のあいだにはあまり知られていない第三の状態があると前のほうで言ったけど、覚えているかな。その話をする準備がこれでできた。

数学ゲーム２題

「コインゲーム」

①テーブルにコインの集まり（「山」）を用意する。

②2 人のプレイヤーが交互に山からコインを 1 枚または 2 枚取る。

③最後のコインを取ったほうが勝ち。

必勝法発見の難易度：易〜中

「子犬と子猫」

①枚数の違うコインの山を 2 つ用意する。

②2 人のプレイヤーが交互に次のどちらかを行う：

a. 片方の山から好きなだけコインを取る。

b. 両方の山から同じ枚数のコインを取る。

③最後のコインを取ったほうが勝ち。

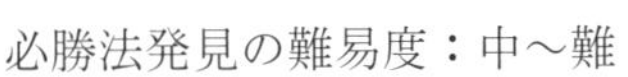

必勝法発見の難易度：中〜難

4色定理

どのような地図も、4色あれば、隣国どうしが同じ色にならないように色分けできる。

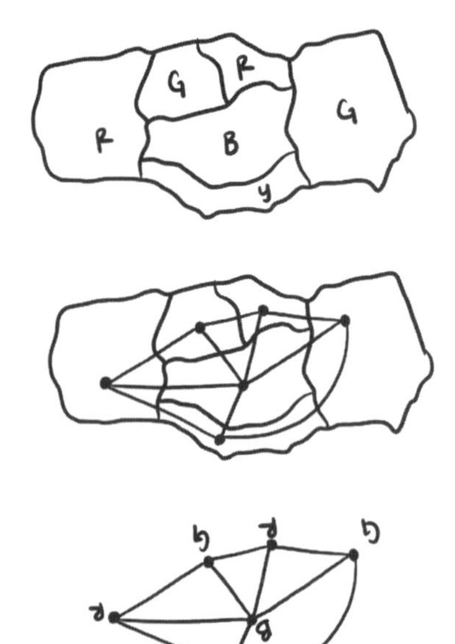

リンクに交差のないどのようなグラフも、4色あれば、リンクされたノードどうしが同じ色にならないように色分けできる。

4色定理

十二面体の描き方

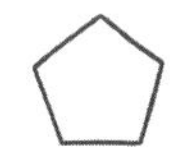
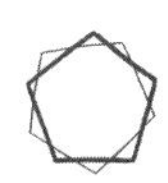
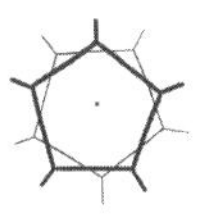
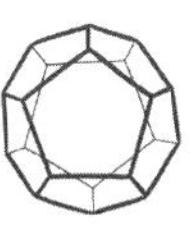

①正五角形を描く。
②それに重ねてまったく同じ大きさの正五角形を上下逆さまに描く（図の細い線）。
③頂点それぞれに中心から外へ短い線を引く。
④この 10 本の短い直線を結ぶ。

二十面体の描き方

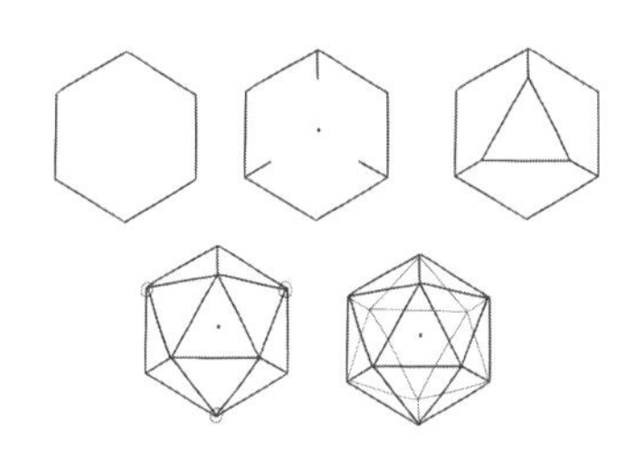

①正六角形を描く。
②1 つおきに 3 つの頂点から中心へ短い線を引く。
③それらを三角形で結ぶ。
④ほかの 3 つの頂点を、三角形の近いほう 2 つの頂点と結ぶ。
⑤オプション：同じ手順を上下逆さまにして繰り返す（図の細い線）。

Foundations

基礎論

ある対話

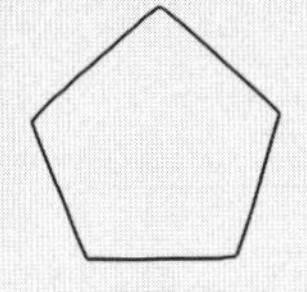

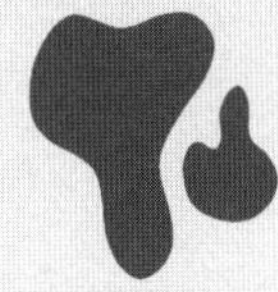

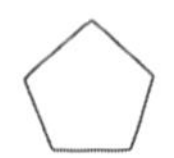

というわけで、真だと証明できる事柄があって、偽だと証明できる事柄があって、そして——

ちょっと待った。それは何かうさんくさいな。

ん？

オレたち、いろんな証明を見てきただろ。そこでは何か主張がなされて、その主張が真だという理由について説得力のある説明があった。なのにキミは急に「証明済み」だとか「実際は」だとか言い出した。どういうことだ？

見せたい証明がたくさんあるからさ！　でも、いちいち詳しく見ていくわけにはいかない。きれいなのをいくつか選りすぐったけど、証明には長ったらしいのが多いから、ひとつひとつを延々と説明してうんざりさせたくはなかった。

じゃあ、その手のもぜんぶ見たことがあるんだな。どれもすっかり納得のいく証明だったのか？

たいていはね。なかにはすごくきれいな証明もあって、興味があるなら紹介してもいい。とても説得力がある。完全無欠。この目で確かめてはいないものがあることは認めるけど、僕の知る限りじゃ証明済みだ。いろんなところで触れられてるし、成り立ってると、文句なしに有効な証明だと、だいたい認められてる。

有効って、誰の判断で？　キミの判断に疑問を差しはさみたいわけじゃあないが、人は何かにつけて意見が違うものだから、誰かにとって説得力のある証明が別の人にとってもそうとは限らない。陪審の意見が必ずしも全会一致にはならないのと同じで。だから切れ者ぞろいの数学者のあいだでも、何が有効な証明と認められるかについては意見の違いがありそうなものだ。

もちろん、意見は人それぞれだけど、別に裁判の話をしてるわけじゃない。どっちかの主張に肩入れしてくれとお金で頼まれているわけじゃなし。数学者はみんなで力を合わせて何が真かを明らかにしようとしてる。

そうは言うが……

それに、意見の違いがふつうに見られてる物事に比べれば、数学はぜんぜん複雑じゃない。話題にしてるのは基本的な形や構造だ。立場の問題じゃないし、不確定要素もそう多くない。

それはそうだろう。だが、さっき具体的に見せてくれた証明のいくつかでは、議論の展開にちょっと戸惑った。理解できているとは思うが、これ以上ないほど明快ってわけでもない。あのほかにも、見せてもらっていない長くて複雑な証明があって、キミがその目で確かめたわけではない証明もあって……信用しろってほうが無理じゃあないのか？　わかるだろ、疑いの余地があることは？

よくわかる。

ちなみに、誰もが受け入れたあとで間違いだとわかった「証明」はあるのか？

まあ……あったよ、実際に。でもあの話は異例中の異例。数学界はピア・レビューとかいろいろ採用して優れた実績を上げてきた。数学者は何が有効な証明かについてとても厳しいし。

でも、あったんだろ？

まあね、確かに。でも 1 回か 2 回だけだったし、深刻なのじゃぜんぜんなかった。

何の定理？

4 色定理。それによると、いろんな国が描かれてる架空の世界地図を、どの隣国どうしも同じ色にならないように塗り分けたいなら、4 色あれば必ずできる。どんな地図でも。

で、それがじつは真ではなかった、間違ってたと？

いやいや、あの定理は真だ！　そこは問題じゃなくて、ある学者が証明を見つけたんだ。ずいぶん前に、きれいでわりとシンプルなのを。ピア・レビューも通って、みんな満足した。

ところが、誰かが欠陥を見つけた。

そう、その証明は無効だった。穴が1か所あったんだ。で、大勢がその穴をふさぎにかかったけど、誰も成功しなくて、未証明に戻った。4色定理じゃなくて、4色予想に。

おいおい、だったらなんで真だと言い切れる？

今度こそ証明済みだからさ！　コンピューターを使ってね。グラフ理論を駆使した、数百ページにもなる、ぜんぜん別物の証明だ。

でもキミはやっぱり、この新しいコンピューター証明が真偽の究極の判断基準かのように言っているじゃあないか。この証明も間違っていたらどうなる？　リアルな何かに結び付け直さなきゃだめだろ。「数学によると、x は真だ。そして“x は真だ”は正しい、なぜなら数学がそう言うから」はムダな努力だ。

なら、君は僕ら数学者がみんな間違ってると思ってるのか？　誰もが、数学者がみんなそろって、同じ間違いをやらかしてるとでも？　そんな確率がどれくらいある？

だが実際にあったんだろ。誰もが同じ件についてそろって同じ間違いをしでかすことはさ、史上何度も起こっている。みんながその件は真だと聞かされ、誰も真剣に疑問を差しはさんだりしない。間違っているかもしれないなんて考えれば、他人からはのけものにされ、自分でも恥じ入ったりする。

うううむ……

証明はみんな間違っているだの、真っ赤なうそだの、客観的に見ておかしいだのと言いたいわけじゃあない。結局は状況次第ではないのか？　何をもって真だとか自明だとか考えるかには、文化の影響がはっきり見られる。数学界にしても、どの証明を有効だとして受け入れるか、何かしらのコンセンサスがあるんだろ。いいじゃあないか！　そのルールに従ってもらってぜんぜんかまわないし、それをやめさせたいとも思わない。ただ、部外者もそれをすっかり額面どおり受け入れなければいけない理由がわからない。

なるほど。確かに状況は大事だし、大勢がそろって同じ間違いをやらかすこともある。実際、政治や倫理の世界では何度も起こってるし、科学関係でさえ起こってる。むかし、科学的に認められていたことの中には、黄胆汁とかヒルを使った吸血みたいなことが山ほどあるし、科学全体にしたって、基本的には、人種差別的な見方や政治色の濃い見方を科学の言葉で書き記す営みでしかなかった。

そのとおり！

でも、思うに数学は違う。ぜんぜん！
その理由くらいは言わせてくれ。

聞こう。

数学が特別なのは、数学を営み、単独で発展させて、反主流派とか何かを弾圧した、なんて文化が1つどころじゃなかったこと。僕の知る限り、どの人類文化も数学を独立に編み出してきた。そして数学は「どの国でも同じ」と言われてる。

ふむ、いい指摘だ。

天文学、地理と航海、計数と記録、幾何学、建築、お金や賭け事の一部形態、論理的な推論の一部形態、灌漑、測量と建設などなど……こういうツールはどれも、知られている社会のほぼすべてで別々に発展してきた。

確かに、人類が数え方をそろって間違うとは誰も思わないだろう。やろうったって難しいはずだな。

それに、数の数え方でいえば、地域によって、ひもに結び目をつくったり、棒に刻み目を入れたりという違いはあったにしろ、基本的な発想はどれも同じ。言語は違うし、表記も違うけど、どこの数学も多かれ少なかれ同じだ。

どこのもか？　算術と幾何学についてはそうだろう。

でも、まったく同じ数学？　キミが取り上げた対称群や、4 色定理や、無限大 vs. 連続体。こういう発想についてもそれぞれの文化に独自の説明があると言うのか？　それは信じがたいぞ。

手短に答えると、その点についてはノーだ。

ほら見ろ！

それは注目する数学分野が文化によって違うからさ！マヤ人は暦にのめり込んだし、ピタゴラス学派は比率に取りつかれた。だから彼らはそれぞれその分野を発展させた。

このことが価値観、優先事項、美意識のような文化的な事柄の違いに関係してるのは確かだ。だからって、数学そのものの有効性はちっとも損なわれないさ！同じ数学を突き詰めている文化がいくつもあれば、それぞれが必ず同じ事柄を発見する。

必ず？

僕の知る限りは。

なら、いまの数学は何文化のなんだ？　何か決まった数学規範によっているんだろ？

と言うと？

数学の 3 大分野はトポロジー、解析、代数だとキミは言うが、それは決まった文化の反映じゃあないのか？　そして、キミはオレに何が証明済みで何がそうではないと言うが、それはある決まったピア・レビュー担当者コミュニティーの見解によっている。

まったくそのとおり。思うに、現代は数学文化の面でいままでとはちょっと違うんじゃないかな。現代は飛行機やインターネットやあれやこれやでグローバリゼーションが進んでる。世界の大都市で「数学」を語ることは、ナイロビでも上海でもケンブリッジでもできるし、数学を有名大学で学ぶにしたって、どこの大学でも同じ内容を習うことになる。

でも、それは伝統の１つだ。現代のグローバルな数学の伝統——その出どころは？

この伝統を世界中に押しつけたのはヨーロッパだね。植民地化と帝国主義を通して。なら、数学そのものについてはどうか？　表記とか、力を入れる分野とか、使われる具体的な手法とかは？　詳しく調べてみると、出どころはほぼぜんぶ、アラブやアフリカのイスラム世界の伝統だ。

だろ、そう思ってた！　数字はアラビア数字と呼ばれているくらいだし。

まさに。「アルゴリズム」の由来にしても、ムハンマド・アル＝フワーリズミーという人名で、アルゴリズムとは「あれはアル＝フワーリズミーのアイデアだった」という意味でしかない。英語でプラスのネジ頭を「フィリップス」ヘッドと呼ぶのと似たようなもんでね。代数という意味の algebra（アルジェブラ）にしても、アラビア語の *al-jabr*（アル・ジャブル）の発音間違いだし。これに対応する単語がどのヨーロッパ言語にもなかったから、この言葉が式での移項を指すのに使われた。まさに代数そのもの。

　　ということは、出どころはみんなアフリカってわけか？

いまで言う北アフリカと中東のあたり。当時、世界は何かを境に分かれてたわけじゃなくて、交易をしたりアイデアのやり取りをしたりする社会がネットワークをなしてただけだった。そして500年くらい、ヨーロッパの国々がほかの国やバイキングを相手に戦いに明け暮れてたあいだ、イスラム世界は長いこと平和と繁栄を謳歌してた。数学について考える暇がたっぷりあったわけだ！

この頃だよ、僕らが学校で習う算術や代数の手法のほとんどを彼らが編み出したのは。未知数の解、小数点や無理数、多項式に2次方程式に平方完成、ああいうのをみんなね。いまの数学者の力点、グローバル数学文化の力点は、抽象化と、記号操作と、組織化されたアルゴリズム的手続きだけど、その源流にあるのはイスラムの伝統さ。

だけど、公正を期して言えば、外部との交わりなしに数学を営んでた文化なんてない！　「アラビア数字」のシステムの仕入れ元はインドの学者の成果で、彼らはその数学をサンスクリット語の詩という形で残してた。中国には算盤があったし、どこの文化もそれぞれの営み方を編み出してた。「アル - ジャブル」はお隣のヨーロッパで流行した数学というだけのこと。ヨーロッパでは何百年か、最高学府で数学を教えるのにアラビア語で書かれた教科書の翻訳が使われてた。

いい話だな。すべての出どころの話は知っておいて損はない。でもやっぱり、キミは少々ごまかしているように感じる。

ごまかしてる？

現代のグローバル数学文化の観点で見ると。発想の出どころはイスラム世界だった。でもさっき言っていたように、グローバル化を進めたのはヨーロッパだ。間違っていたら正してくれ。現代数学の—— x の解みたいな古典的なやつじゃあなくて、大学でしか教えないようなわけのわからん定理の——話になると、出てくる数学者はたいていヨーロッパ人、だよな。それがじつにうさんくさい。数学は文化と関係のない普遍的で客観的な真理だと信じている側からすると。

僕は歴史家じゃないけどさ、ここ数世紀は君も知ってのとおり、植民地化された国——基本的にヨーロッパ以外のほとんど——の人たちにとっては暴力による圧政の時代だった。君があげたような定理の多くが証明されたのは、世界中のほとんどの人が象牙の塔に近づくことさえ許されなかった時代の話だ。

だろ！　それに、社会全体が踏みにじられて再編されている最中には、チョークを手に座り込んで、形について思いを巡らせることなんかきっと最優先事項にはならない。

だろうね。そういう理不尽な歴史上の出来事が有望な数学の才能を奪いかねないのは本当に残念だ。有名な男の数学者の伝記を読むといつも思うよ。彼らがあの頃に女の子として育てられてたら話はどう転んだんだろうって。

考えると気がめいるな。はっきり言って数学は強力だから、秘伝にしてその知識を独占しようとするやからがいるのも驚きじゃあないし。

妙な欲望だよ。完璧に普遍的なのが数学のはずなのに！

まったくだ。よし、じゃあキミの言うとおり、数学とはその完璧に真である何かで、いま白人が支配的なのは政治が絡む近代史の偶然の問題でしかないとしよう。

異議なし。

これでもまだ偏見の生まれる余地があるんじゃあないか？　論文を査読したりテストを採点したりしているほとんどが一部の白人なら、そのことが、何が教えられることになるか、何が真だと受け入れられることになるかを左右するだろう。

土台となる数学を変えるなんて、やっぱり想像できないけどなあ……

本気か？　なぜできない？

研究対象とか優先事項が左右されうるのは想像がつくし、どんな類いのアイデアを思いついたり思いつきそこねたりするのかまで左右しかねないのも想像はつく。でも、数学そのものは前からそこにあった。思うに、何かが真だと証明できたら、それは本当に真だよ。

うーむ……

まあいい。じゃあ、真と偽のあいだにある何かの話に移ろう。

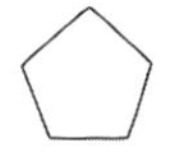

そうこなくっちゃ——けっこう気に入ると思う。数学はすっかり作り事かもしれないっていう君の論点を支持してるし。

始めてくれ。

ただ、この結果は当時の数学者にとって本当に一大事だったってことは知っておいてほしい。真偽を一点の曇りもなく完璧に示す水晶玉としての数学、というビジョンをこの結果は粉々にした。真でも偽でもないっていうこのよくわからない結果を、数学界のお偉方は誰ひとり認めたがらなかった。数学界はまだすっかり立ち直ったわけじゃない。

なるほど。で、それは何だ？　真と偽のほかにいったい何がある？

まあそう急がず。背景を説明するところから始めたい。場面設定がいる。

いいだろう。

事の始まりは100年くらい前。帝国主義の絶頂期、2つの世界大戦に向かってた頃のこと。関わってくる登場人物のほとんどはきっと君の予想どおりで、お金のかかる家庭教師とふんだんな自由時間が与えられる環境で育った裕福な白人男性ばかりだ。王族や貴族も含まれてる。

それっぽいな。

で、当時の数学界はちょっとしたパニックに陥ってた。どんな命題にしろ、「だったらなんで真だと言い切れる？」のか、っていうさっきの君の言い分に沿った話だよ。あの頃は抽象代数が本当の意味で花開き始めたんだ。深層構造とか論理そのものの性質とかの研究がね。いろんな数学分野が公理や形式体系、ドットと線、やたら難しいルールに従う記号操作なんかにまとめられている最中だった。そんななか、数学者はこう思い始めた。これは結局何をしていることになるんだ？

もっともだ。基本的で直感的な議論から抽象化という形式ゲームへ移るにつれて、やっていることが正当かどうかの自信がなくなりだすんだろう。

そう思う。薄気味悪くなってくる。なんでこれでうまくいくんだ？　ってね。

気がかりなことがある、と彼らが認めたとはな。なかなかいい。

まあ、大勢が認めたわけじゃないけど、1人か2人が認めただけで面倒なことになる。あるオランダ人のトポロジストが「数学は人間の直観の延長線上にある」なんて厄介な哲学的主張をいろいろ遠慮なく言い出して、形式数学の正当性や評価を脅かしたんだ。

ほかの数学者は怒り狂った！　その一部は手を回して、世界のトップ数学誌の1つ、『マテマーティシェ・アナーレン』の編集委員会からそのトポロジストを追い出した。ほかの数学者に影響を及ぼして罪深い発想を広めてほしくなかったんだ。

　　それは、逆に正当性を傷つけていないか？　数学はケチくさい駆け引きの影響を受けるっていうことになって。

まったく。まあでも、彼らにその処分でこの件を収めるつもりはなかった。時間稼ぎの一時しのぎだったんだ。彼らの最終目標は、何が真で何が偽かの究極の基準は数学的証明だと証明することだったから。きっぱりと。

　　数学は正当だと証明しようとしたって言うが、何を使ってだ？　まさか数学でか？

そのとおり。いまにして思えばかなり乱暴だよ。うまくいくと思ってたとは。

　　そんなの当たり前じゃあなかったのか？　問題がある

ことくらい、彼らにもすぐわかったはずという気がするんだが。

それがそう単純じゃなくてさ。証明しようとしたのは数学が「正当」ってことじゃなかった――「正当」にはじつのところ何の意味もない。数学は世間で日常的に使われてて、いつもうまく機能していそうに見えるから、その意味ではもう十分正当だ。

彼らの望みは数学の堅固な土台を築くこと、その他すべての下階になる盤石な基礎を築くことだった。それまで、「証明」って概念は直感頼みだった。「説得力があるか？」みたいな。そのことが薄っぺらで当てにならなく感じられだした。妙な抽象的対象を扱ってると特にね。だから、新しいかっちりした形の証明に切り替えたかった。組織化されたシステマチックな証明に。誰の手によるかとは無関係の。

直感や主観を排除したかった、と言うわけか？

そうとも言える。

そんなこと、できるとは思えないぞ。厳格なルール一式を使って新手の証明をつくり上げることはできても、そのルールについて誰もが合意する必要がやっぱりある。ルールは空から降ってきたわけじゃあない――人間が直感と主観をもとにつくってきた。

まあね。とにかく、基本論理から出発して積み上げる、というのが狙いだった。

ふむ。もっと詳しく。

君の言うとおり、何をもって形式的証明として認められるかについては、数学者の中でも信条にもとづく意見の違いがあっておかしくない。最先端のコンピューター証明は信頼できない、とかね。無限大に手を出すべきじゃない、って考え方もある。数学者は自分が何の話をしているのかあまりわかっていないんだから、無限集合が絡む証明はどれも信頼に値しない、ってね。

だろ。見解の違いの余地は山ほどある。

まったく。無理数というものは本当は存在しないって主張もあるし、分数も少々怪しいから扱うのは整数に限るべき、なんて考え方も！

それは笑えるな。でもじつはけっこう面白そうだぞ。
そう考えている数学者とぜひ話をしてみたいもんだ。

まあとにかく、下へいくほど層は盤石、って発想だ。
基本的な計数が正当だってことについては自信を持っていい、だろ？

それにまで異を唱えるやからはぜったいいそうだがな。

実際、いる。整数の大きさにも限度がある——途方もなく大きい数は存在しない——なんて主張する数学者がいるんだよ。その発想に一理あるとは誰も思ってないけど。

とにかく、当時はそういう狙いだった。大物数学者たちは自己完結的に下から積み上げていく気だったんだ。基本中の基本から、彼らの言う0階論理から出発して、1階論理の何もかもを証明したら、次に初等算術を証明して、それを使って無理数についていろいろ証明して、それができたら虚数について……と1段階ずつ、知られてる数学的真理をぜんぶこの堅固なシステム1つの範囲内で証明してくつもりでいた。

成功すれば、疑ったり毛嫌いしたりしてた人たちはそろって、ていねいな正式謝罪文を書くはめになる。

　　定理を1つ残らず基本論理から証明しなおす気だったのか？

言うほど大変じゃない。高階の分野を低階の分野に「飲み込む」ことができるから。高い階の分野の証明を低い階の分野の証明に、もっと単純な対象とルールを使ってダウングレードする手を見つければいいんだ。そうやって基本論理にまで落とせばいい。

　　なるほど、筋は通ってる。じゃあ、基本論理を信じないやからがいたときは？

そこまで言う？　君は論理さえも客観的に真だとは思っていないのか？　「Pが偽なら『not P』は真」を

君は否定する？

おいおい、オレは否定しないぞ！　論理を信じている。それに、キミが基本論理を前提としてもこっちはいっこうにかまわない。聞いていると、とにかくキミはどんどんオレの見解寄りになっているようだしな。

でも、そこがまさに問題だ。結局は何かを前提としなきゃいけないじゃあないか！　何かを無から証明することはできない。どこかから出発しなきゃいけない。第１の前提を何かしら使って。その前提の出どころは直感だ。

あのさ、この基礎は基本的に健全だ、ってある程度のところまで来たら言えないのか？「A は B を含意する。ここで、A である。よって B だ」。どうだ？

前提は前提。

まったく、しょうがないな。そのとおり、頑固者には何も証明してみせることができやしない。基本論理に賛同する気のない人は、この話のほかのどこにも乗ってこないだろう。

でも、それは損だよ！　そのせいで見逃す事柄に目を向けてみてほしいもんだ！　この積み上げプロジェクトが成功したら、一貫性のある枠組み１つに、組織化されたきれいな構造１つに、真である数学的事実をすべて収めたことになる。

そのとおりだ。それそのものが価値のある目標だし。

だろ。そうなったらすごいと思わないか？　ぎっしり詰まった知識の格子に、真である言明がすべて含まれてるなんて！

「善悪の知恵の木」ならぬ「真偽の知恵の木」ってわけだ。

そう、まさに。それを却下する？　論理を信じないから？　もったいなさすぎる！

いいだろう。それはわかる。基本論理の何らかの原理原則に誰もが同意すれば、数学の知識というこの大きな共有体系が手に入る。

そして、数学を土台として物理があって、それを土台として化学と生物があって、それがまた人間の振る舞いの土台になってて……と延々と続いてる。基本論理からの積み上げで**何もかも**に到達できるかもしれない。真である事実**ぜんぶ**を１本の木にまとめられるかもしれない。そしたらついに万物が客観的になる――客観性はぼんやりした複雑な何かじゃなくなって、「厳密に言って、この真理の数学の木のどこかにある何か」と定義される。

というのが少なくとも理想だった。

いかにも中毒性のありそうな発想だな。何かにつけて自分は正しいと思いたがっていそうな貴族たちには特にな。

そのとおり、だから彼ら王族・貴族や学者たちは、自己完結的な積み上げに取りかかった。そして、かなりいい仕事をしてた。実数を整数で表現する方法を見つけたし、整数ぜんぶを0という数と「プラス1」という概念だけで導いてもいる。

そいつはすごい。

彼らは本気でまとめ上げにかかってた。そしてほぼ達成という段階までいった。あと1歩のところまで。

すごいな、あと1歩？　微積分から何からほぼぜんぶに基本論理から達していたのか？

まあね、時間はたっぷりあったから。

で、そのあと1歩とは？

算術は完全だと証明する必要があった。彼らのバージョンの算術が、彼らが0と「プラス1」から築き上げたずいぶんな小型版がね。算術の真理を何でも証明できるくらいよくできてると証明しなきゃならなかった。

なるほど。それをどう証明するつもりだったのか、オレにはわからんが、まあいい、それが残された1歩だったと。

彼らはかなり盛り上がってた。祝杯用のシャンパンボトルを用意してた。達成目前って本気で思ってたんだ。数学のすべてを導けるようになるってね。公理 6 つと推論ルール 4 つだけから。数学界では文化現象になってた。彼らは『数学原理』なんて題の本まで書いた。当たり前だけど、彼らを狂人呼ばわりした人はいたし、ぜったい達成できないとか、何もかも無意味だとか言った人もいた。でも誰も耳を貸さなかった。発言の主たちが『マテマーティシェ・アナーレン』の編集委員じゃなかったから。

で、何があったんだ？

大惨事が起こった。屈辱的なことが。味方の側の 1 人から一撃を食らったんだ。

なんと！

その名はゲーデル。彼らのバージョンの 1 階論理が完全だと証明したのがゲーデルだった。偉大なヒーローさ！　証明したときは 20 代だったから、また別の突破口を開くための時間はたっぷりあった。算術が完全だと示すのも彼かもしれないと思われてた。

当ててやろうか。ゲーデルは彼らの小型版算術モデルが完全じゃあないことを証明したんだろ。

それどころじゃなかった。

じゃあ何を？

ゲーデルは考えられるすべての算術モデルが不完全だと証明したんだ。

つまり……

つまり、自己完結的に積み上げていくっていうこのプロジェクトは実現不可能なんだ。数学のすべての真理を１つの形式体系で証明することはできない。算術に限っても、すべての真理を１つの形式体系で証明することはできないんだよ。

ものすごいな。どんな証明なんだ？

連続体はリストじゃ表せないっていう証明で使うのと似たようなやり方だった。算術の真理をぜんぶ含むとされるどんな体系を持ってきても、そこに欠けてる真理を１つ見つけるんだ。基本的に「この言明はこれらの公理からは証明できない」と言ってる言明をね。

うーん……そうか、すごいな、その先は想像できるな。

で、その欠けてた真理を新しい公理として追加しても、「この言明はそれらの公理からは証明できない」と言ってる言明を同じやり方で見つけられる。

見事。で、なにしろ大事なのは、ゲーデルの証明が有効だとほかの誰もが認めたことだな。

認めたよ、しかたなく。誰も否定できなかった。とてつもなく大きなものがかかってたけど、ゲーデルの論理に誰も穴を見つけられなかった。隙なし。あの数学誌はその論文を掲載せざるをえなかった。

うむ、それは尊敬に値する。

というわけさ。夢は砕け散った。『数学原理』を誰の目にも触れないどこか遠くへ持っていかなきゃいけなくなった。数学をやめて哲学に走った者たちが出たし、形式意味論や言語学や計算理論みたいな、あとで初期のプログラミング言語に発展する事柄に取り組む者たちも出た。

驚きはないな——公理系はプログラミング言語と似ているし。*if*～*then*～とか、大量の変数とか、かっちりしたルールとか。

アルゴリズムも似てる。彼らは具体的なアルゴリズムに前から取り組んでた。この自己完結的に積み上げられた完璧なシステムができあがったら、新しい真理の自動生成にこれをどう使うといいかを探るためにね。初期のコンピューターは写真を見せあう場じゃなかった。彼らが取り組んでたようなシステマチックな計算をするために設計されたものだった。

なるほど、いい話だったよ。彼らは自動真理機械をほぼつくり上げた、と思っていたらできていなかった。

なぜなら、それは不可能だから。

それで、真と偽のあいだの状態とは？

「真と偽のあいだに何かある」なんてさらっと言うべきじゃないな。ゲーデルの証明の意味について、あれをどう解釈すべきかについては、数学者のあいだで意見の違いがいまでも解消されてない。君はあの証明の意味をどう思う？

意味？

証明のどんな形式体系も数学的真理のすべてを証明することはできない、ってことの。

うーん。

そうショックじゃないかもな。オレとしては、普遍的な真理や客観的な証明については語ってもらってぜんぜんかまわないし、そういうのは存在するのかもしれない——あるかもよ、ことによったら！　でもじつのところ、**現実問題として**、むかしから「証明」と言えば人が説得力ありと見なしたもの全般だ。その土台になっているのは直感と主観と社会的な状況で、そうなるのは避けられない。

自分たちこそ正しいと信じた集団はいつの時代にもいたよな。正しいと思うようになったプロセスについてだけじゃあなくて、**正しさ**そのものについても。客観的な正しさとか、神が同意しそうな類いとかいう意味で。そういう集団はものすごくがんばって、あれは自分たちの頭の中だけの話じゃあないと、同意しない者がみんな間違っていると、証明しようとするんだけれど、たいていなんとも滑稽に見えてくるのが関の山だ。

だから、彼らは数学から直感を取り除こうと、真理を式にまとめようとした。その大胆さは評価しよう。彼らはそれ以上望めないような頭脳を集結させて、やれるだけのことはやったみたいだ。でも、実らなかった。オレに言わせれば、それは真理とはつかみどころのないものであって、秩序と統制という人間の概念には従わない、ってことじゃないのか。

完璧に筋が通ってる。君の見方はよくわかった。

で、そっちは？　キミはゲーデルをどう解釈している？

行きつ戻りつだなぁ。

僕は古いタイプなのかもしれないけど、こう思ってる。やっぱり数学は真だよ！　そして、真理とは何か、真理にはどんな構造なりリズムなりがあるかについて、数学は僕らにいろんなことを教えてる。証明は大事なこと、論理は大事なことで、自分たちの意思を現実というものに押しつけようっていうばかげた試みなんかじゃない。証明や論理には、この宇宙がどう１つにまとまってるかについての何かが実際に反映されてる。

数学には、真だと証明できる事柄があって、偽だと証明できる事柄がある。そしてゲーデルによれば、どちらでもない事柄がある。証明不可能だと証明できる事柄があるんだ。専門用語で「ZFC の公理とは独立」の事柄がね。答えのない問いというものが存在していて、答えがないのは答えがまだ見つかってないからじゃなくて、真である値がとにかく定義されないから。

ということで、残された善後策は 2 つあるんだけど、どっちもろくでもない。1 つは、不可知とか不定とかいう第三のカテゴリーが本当にあることにするっていう手。それがいやなら、「真である」と「証明できる」は同じことじゃなく、真なのにぜったい証明できない言明が存在してて、そこへ迫る手は「形而上学的直観」みたいな何だか煮え切らないものだけ、という話を受け入れるしかない。

まあ、これはあくまで僕の見方。君とは意見が違うってことで。

でも聞いていると、オレたちの意見は実は同じみたいだな。

いいや、ぜんぜん違う。

数学の哲学をいくつか

プラトン主義——数学的対象は「プラトン領域」と呼ばれるところに実在する。

直観主義——数学は人間の直観や推論の延長線上にある。

論理主義——数学は論理という客観的かつ普遍的なものの延長線上にある。

経験主義——数学は科学と同じく、信用を得るには検証を経なければならない。

形式主義——数学は記号を操作するゲームであって、そこに深い意味はない。

規約主義——数学とは数学界で合意された真理一式のことである。

論理なぞなぞ

とても論理的な3人が1列に並んでいて、それぞれには自分よりも前にいる人だけが見えている。

帽子屋が3人に白い帽子3つと黒い帽子2つを見せてから、それぞれの頭に帽子を1つずつかぶせ、残った2つを隠す。

帽子屋がたずねる。「自分のかぶっているのが何色の帽子か、わかる方は？」

答えはない。

「もう一度うかがいますが、自分のかぶっているのが何色の帽子か、わかる方は？」

答えはない。

「もう一度うかがいますが、自分のかぶっているのが何色の帽子か、わかる方は？」

1人が答えた。
それは誰で、帽子は何色か？

少し難しい論理なぞなぞ

そっくりな三つ子が3つのそっくりなドアの番をしている。

三男は必ずうそをつく。長男は必ず本当のことを言う。次男はいたずら好きで気まぐれに答える。

次男のドアの向こうには死が待っている。ほかの2つのドアの向こうは出口だ。

あなたは三つ子の誰かに（それが誰とはわからないまま）1つ質問ができる。そしてその答えをもとにドアを選ばなければいけない。

さあ、どうする？

Modeling

モデリング

モ デ ル

オートマトン

科 学

モデル

Models

君がいま何を思っているかはわかっているつもりだ。公理や2穴／3穴のトーラス、連続体和に壁紙対称性。こうしたあれやこれやがなぜ重要？　何の役に立つ？　そう思っているんじゃないかな。数学を勉強する世界中の学生も、それと同じことをいまもむかしもこう表現してきた。

この本では、この疑問に直接答えるのは避けてきた。（この念押しはこれで最後と約束するけど）プロの数学者は実世界での応用に関心がないからだ。実用化は**純粋**数学から見た**応用**数学の守備範囲であって、応用数学からは「応用」の意味どおりの印象を受けるはずだ。とはいえ、純粋数学の3大分野をひととおり見てきたわけだし、歴史や哲学にも触れてきたこの段階で、まだそれなりの紙面が残っている。そこで、この疑問を取り上げて、応用

数学についても少し語ることにしよう。そんな「実生活」的な事柄は無関係だし余計だ、と言う筋金入りたちとあとで面倒なことになりそうだけど。

本書の最後ではモデリングを取り上げる。モデリングは数学と実世界との結び付きを表現したものだ。数学が実世界に顔を出す形は当然ながらいくらでもあるけど、モデリングはある種の一般的な枠組みとして、そうした結び付きをはっきり示してくれる。結び付きを語るのに便利な手だてで、そのおかげで結び付きを調べて新しい事柄を知ることができる。

モデルの構成要素は主に２つある。１つはモデルそのもののしくみ、言い換えれば、その抽象モデル世界に含まれる何もかもの操作法を定めた数学的な内部ルール一式のこと。もう１つは（とても大事）、モデルを外の世界と結び付け戻す翻訳処理だ。

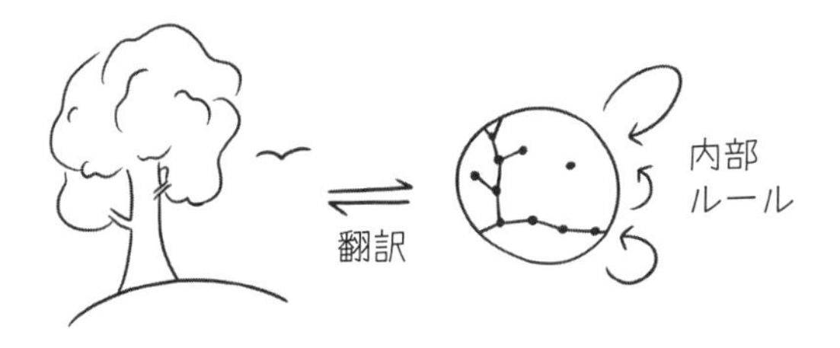

泥くさい詳細を避けて上澄みをすくっただけだけど、こういうお膳立てで何ができそうかは、こんな大ざっぱな説明からでもわかるだろう。実世界で何かを観察したら、それをモデルの言葉に翻訳し、モデルの内部ルールに従って新しい真理を導き出して、実世界に訳し戻す。そんな作業ができるんだ。言ってみれば、実世界について何かを知るために、架空の数学世界に回り道する。これは新しい。

例として音楽理論を見ていこう。音楽理論は音楽のしくみについての抽象モデルだ。実世界の音楽――複雑に入り組んだ空気振動の連続――を、音符やコードからなる記号体系に翻訳する。その抽象体系には所定のルールというか目安が（ジャンルや音楽的伝統に応じて）あって、どの音符がどのコードと合うか、音符がどう並ぶと張り詰めた響き、哀しい響き、あるいはファンキーな響きになるか、どのコードにどのコードが続くのが典型的か、とかを決めている。これらはどれもモデルの性質だ。実世界の物事をシンプルにして表現しているので、管理や分析や予測がしやすくなる。

そのとおり、抽象化するので細かいところは失われる。抽象化は完璧な翻訳じゃないから、モデル世界は実世界と同型にはならない。でも、それでかまわない。ジャムセッションで演奏しているとき、わかっていなきゃいけないのはコード進行とリズムといまそのときのキーくらいだ。耳に入ってくる音の流れのいろんな側面を分析しようとしても、途方に暮れるだろう。だからそんなことは目指さず、余計な部分をはぎ取って基本要素だけにする――抽象化するんだ。「音符」や「コード」に実世界での実体はない。これらはモデル世界ならではの概念で、関係についての内輪のルールと、対応する実世界の音を持っている。都合のいい理論上の構成概念だ。

音符やコードのような便利な基本単位に行き着く、スマートなはぎ取りプロセスであること。これがいいモデルをつくる鍵だ。モデルの内部では、とりあえず、決まった振る舞いの法則に従うそれ以上分けられない要素を基本単位として扱う。うるさいことを言えば実際とは違う。たとえば、音の実体は、あちこちではね返ってきた倍音や反響音や残響音が混ざりあって鼓膜を押した結果だ。でも、音符が実在する世界、音符がそれ以上でもそれ以下でもない世界、というちょっとしたモデルが役に立つなら、つくって何の害になる？

このはぎ取りプロセスが行きすぎることもあって、シンプルにしすぎたモデルから実世界について結論を出すときは注意がいる。あまり正しくない仮定や、笑ってしまうくらい見るからに間違っている仮定は、えてして想定しやすいもの。どれくらいシンプルかとどれくらい役に立つかとのバランスが大事だ。こんな古いジョークがある。ウシの乳搾りの量を増やすための助っ人として農場に呼ばれた学者が、説明をこう切り出した。「解決策があります。ウシを球と仮定すると……」

モデル化の別の例を、次は経済から。大勢が買いたがる商品、たとえばピリ辛ソースについて考えてみよう。ここで、何か起こったとする。トウガラシ畑が害虫にやられて、生産量が減ったとか。するとどうなるかは予想がつく。そう、価格が上がる。実世界で

見られるこういう規則性はとてもモデリング向きだ。何かが急に不足したら、その価格はたいてい上がる。

当然だけど、「価格」を１つの数字で表せることは現実にはありえない。ピリ辛ソースをいくらで買えるかは、どこで買うか、売り手が誰か、売り手はどうやって儲けているかによって、ともすると売り手から見て君がお金持ちに見えるかどうかによっても違ってくる。不足が発生しても、その知らせがすぐには届かない売り手は、品切れになるまでいままでの価格で売り続けるかもしれないし、不足を知らない買い手は、値上がりした価格で買うのを拒むかもしれない。コミュニティーによっては、ピリ辛ソースはいくらぐらいのものだっていう「適正価格」があって、値上げをする売り手が追い出される可能性もある。潜んでいる変動要素がこれよりも多い複雑な状況になると、想像するのも難しい。

でも、モデリングでは「価格は１つで、どこでも同じ」と単純に仮定してかまわない。それに、「需要曲線」と「供給曲線」（モデリングの都合で考え出されたまた別の抽象概念）を「ピリ辛ソースの購入量と生産量を、価格から正確に計算するためのシンプルな関数」と仮定してもいい。ほかにも、「競争市場」（また別の抽象概念）では何もかもがいずれ「均衡価格」（これもだ）に落ち着くと仮定することもできる。こういう仮定をもとにつくられた理論上の世界の内部で、式を解いて均衡価格を求めて、実世界での価格の予測に変換して戻せばいい。この需要・供給モデルでかなりまともな予測のできる場合が現にある。

仮定選びにはもちろん注意がいる。新古典主義と呼ばれている経済では、標準的な仮定の１つとして、「人は合理的な行為者」だということにする。人は生まれつき一貫した好みを持っていて、職は報酬がいちばん高いものを、商品は値段がいちばん安いものを探して、ほぼ何につけても情報をぜんぶ持っている、と考える。この仮定の大部分が実世界とは違っている。予測ができるくらいまでシンプルにするための仮定だ。えてして予測が当たるならしめたもの！　そのモデルは役に立つ。だからといって、仮定が正しいという保証はない。人が合理的とはほど遠い振る舞いをすることはいくらでもある。リスクを行きすぎなくらい避ける、将来にあまり備えない、無理して高い買い物をする、差別をする、適任の人がほかにいても友だちや親戚に仕事を回す、とかあげていけばきりがない。標準的なモデルをこうしたケースに当てはめても、モデルは破綻して、出てくる予測は当てにならないだろう。

モデル全般について大事なことの１つが、モデルは決まった範囲内に限って機能することだ。予測がうまくいくように置く仮定が、たとえば経済学と社会学とでまったく違っていておかしくない。どのモデルが正しくてどれが間違っている、という話じゃない。どのケースでどれを使うべきかをわかっていなきゃいけない。それ１つでどんな状況でも予測がうまくいくモデルがあると思っているなら、それはモデルが機能しない状況を無視しているか軽視しているかだろう。神モデルなんてない。

例をもう１つ。映画を観ていて、ストーリーが半分くらい進んだところでその先の展開がだいたい予想できた、なんて経験はないかな。考えてみればすごいことだ。どうやってそんなふうに未来を見通せるのか。きっと脳に、それまで観てきたすべての映画をもとにつくり上げられた「映画でよくある展開」モデルがあるに違いない。目や耳から情報が流れ込んできたら、それをシンプルにして登場人物、やり取り、動機、関係とかの抽象単位に変換して、暗黙のルールを当てはめているんだ。「弾が込められた銃が出てきたら、映画が終わる前に発砲されるだろう」とか、「この超がつくほど人種差別の激しい人物には天罰がくだるに違いない」とか、「男の性格の欠点から、映画の残り 20 分あたりで 2 人は別れるだろう。でも、教訓を学んだ男が大々的に愛情表現をすると、劇的によりが戻って、その後は幸せに暮らす」とか。厳格な数学的ルールはないし、毎回こうした予想どおりではないかもしれないけど、頭の中ではこんな感じの大ざっぱなモデリングが行われている。ルール一式をつくって、実世界での似たような状況に当てはめているわけだ。

実際、映画の話に限らず、頭の中ではこういう処理が絶えずなされている。人は身の回りの世界を、その場その場の光や音として解釈しているわけじゃない。事柄や実体や分析単位のようなひとまとまりとして捉え、それらが決まった振る舞い方をすると予想している。「車」に分類される何かと「青信号」に分類される何かを目にしたら、「車はふつう、青信号のあいだは止まらないから、道路をいま渡ると轢かれる可能性が高い」とか考える。人間の知覚や認知は要するにパターン認識で、パターンを見て取るには、その前に、連続的でぼんやりした身の回りの現実を抽象化して、パターン化された振る舞いをしそうな離散的な対象に変換する必要がある。

それに、モデルが数学的でなきゃいけない理由はない。モデル世界の内部ルールは、「正反対の者どうしは引かれあう」とか「類は友を呼ぶ」みたいに大ざっぱで定性的でもいい。それどころか、数学的じゃないこういうモデルのほうが段違いにつくりやすいはずだ。何と言っても、厳密な数値予測をするモデルが正確ではないことを証明するのはとても簡単だ。

だからこそ、この世界が数学的なモデリングで理解しやすくできていることが驚きなんだ。よくよく気をつけて見てみると、かなりの数の事柄が、その振る舞いを数学で記述してくれと叫んでいるのも同然だとわかる。

何か小物を手に取ってみよう。たとえば鍵とか。それを左手で放り投げて、右手で受け取る。そのとき鍵が空中で描く軌跡は完璧な放物線だ。どう投げようと、軌跡は必ず放物線みたいになる。放物線という数学的対象が、幾何学形状そのものが、実生活の中で再現されるんだ！

こんな例はどうだろう。ひもを用意して、2点で支えてぶら下げる。すると、「カテナリー曲線（懸垂曲線）」という形に落ち着くんだけど、これは「双曲線余弦」のグラフの完璧な再現になっている。電線や、首にかけられたネックレス、レッドカーペットに沿って置かれるベルベット・ロープ――素材が何であっても必ずこの形になる（ちなみに、この形を表す式に出てくる無理数 e は、複利計算の研究から出てきた数で、ひもの垂れ下がり方の式に顔を出すなんてまったくおかしい）。

形をもう１つ。こっちは少しばかり込み入っている。カメラを三脚に固定して、空に向ける。１日のうちで決まった時刻を選んで、写真を撮る。そしてカメラをその位置からまったく動かさないようにして、写真を次の日の同じ時刻に、その次の日も、と毎日１年間撮り続ける。その１年のあいだに太陽は「アナレンマ」と呼ばれる８の字の軌跡を描く。

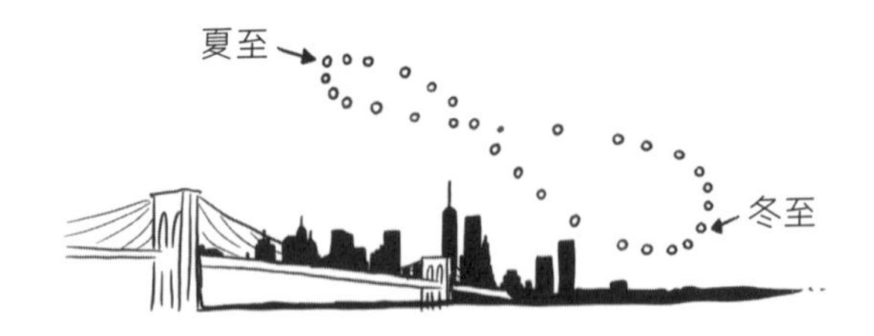

ここで複雑な形の例をあげているのは、シンプルな数学的形状は自然界にいくらでも見られて、僕らはほとんど気に留めないからだ。シャボン玉を膨らませると、完璧な球になる。池に石を落とすと、さざ波が完璧な円を描いて広がっていく。この手の例は大自然の驚異には見えないけど、舞台裏で数学的論理が何かしら働いていることをやっぱり示している。

これほどあちこちで目にできる自然界の数学的な現象は、物理的な形だけじゃぜんぜんない。また違うおなじみの、でも当たり前だとはぜったいに思うべきじゃない例が「釣鐘曲線（ベルカーブ）」だ。これは、自然発生するいろんなデータ一式に見られる数値特性の分布ほぼすべてを予測するのに使われている。たとえば、アメリカの女性の身長分布はこんな感じだ。

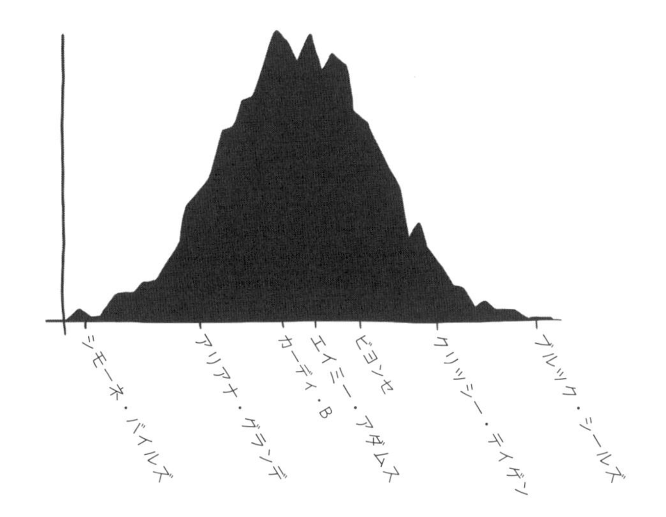

アメリカの全州統一司法試験の得点分布はこのとおり。

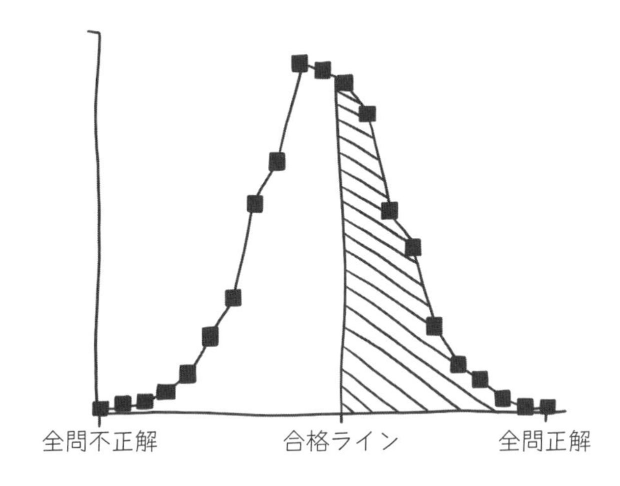

こっちは『ビルボード』誌で2000年代に1位になったヒット曲の長さの分布。

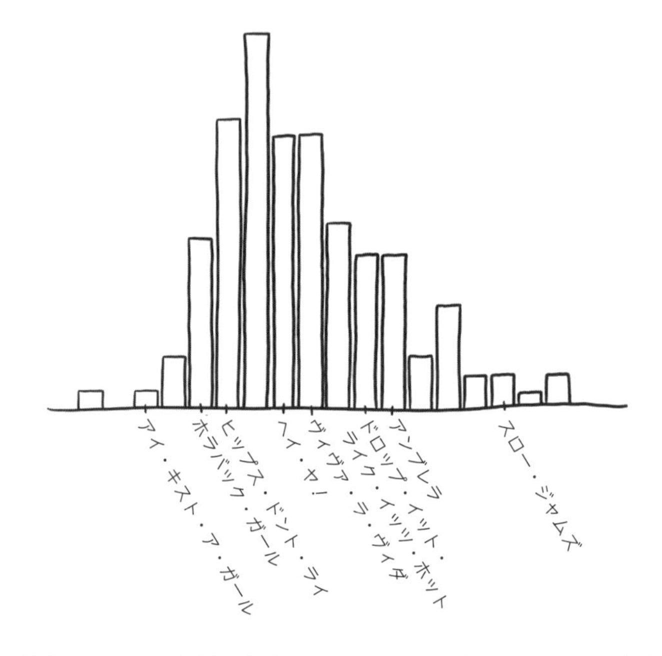

最後は、テレビ番組『ザ・プライス・イズ・ライト』の「プリンコ」ゲームでボールが転がっていく先のスロットの分布だ。

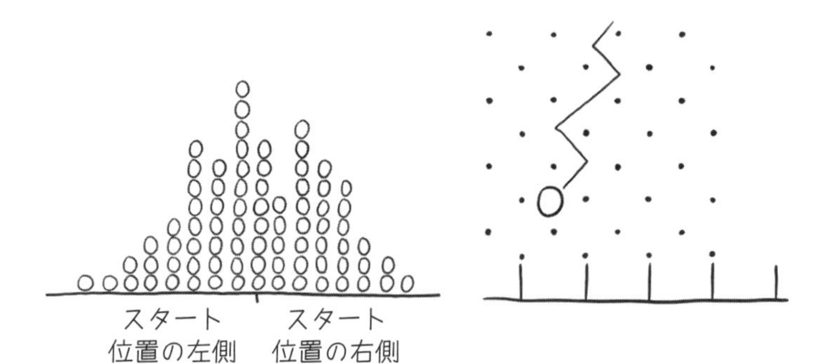

見てのとおり、まったく同じ形というわけじゃなくて、ある程度のランダムさは認めてもらいたい。でも、サンプルの数が多くなるほど、たいていは滑らかで対称的な釣鐘曲線になる（ところで、この曲線の式には e ——さっき触れた複利に絡んだ数——のほかに π ——円の円周と直径の比——も含まれている。ここまでくると、ある種の宇宙的ジョークのような気がしてこない？）。

ぜんぜん違う研究分野や、まるで関係がなく似ているところが何もあるはずのない状況に、まったく同じ式が顔を出す。僕にはこれが何より不思議に感じる。たとえば、2つのすごく大きな何かの質量がわかると、有名な重力の式からそのあいだに働く引力がわかる。

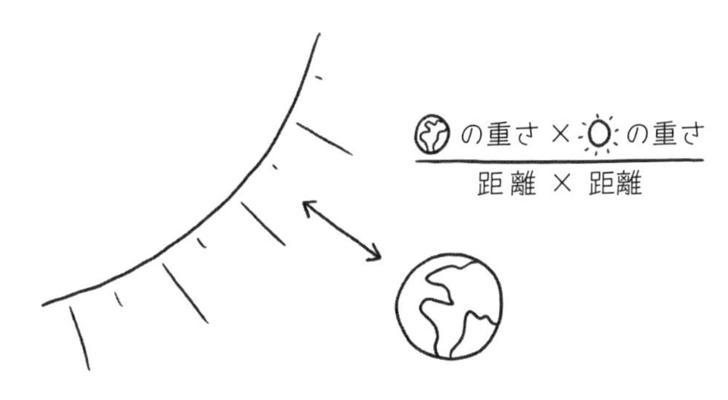

ところが、2つのとても小さな何かの電荷がわかると、同じ式からそのあいだに働く引力か斥力もわかる。

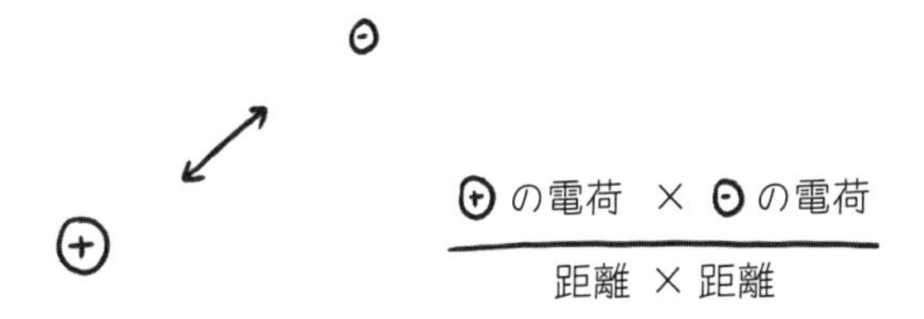

まだある。2か国それぞれのGDPがわかれば、その2国間の貿易額をかなりの精度で見積もれるんだ。

もっとすごいことに、「単振動」と呼ばれている数学的プロセスは、つまびかれた弦、1日の長さ（巻末参照）、1年の平均気温、捕食者／被食者関係で見られる種（しゅ）の個体の数、観覧車のゴンドラどれか1つの位置、潮位、ばねの伸び縮みについて、その振動をまったく同じように書き表す。

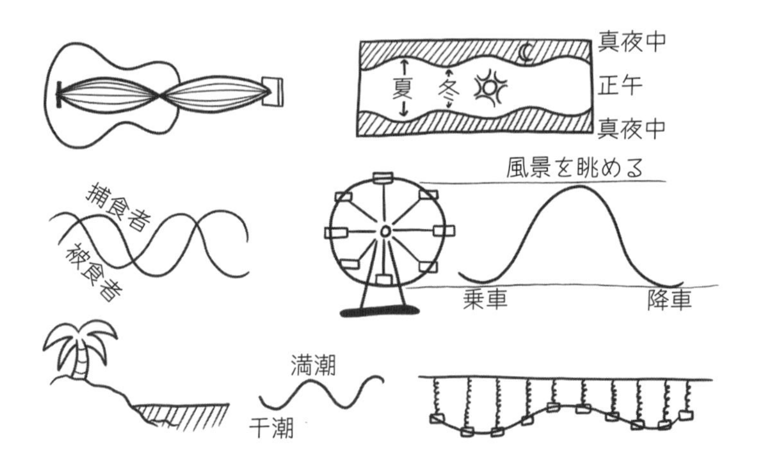

いったい何が起こっているんだろう。あらためて、何を目指してモデルをつくるかといえば、ひとえに実際に使うこと、目にした出来事を秩序立てて要約するのに便利なシステムを見つけることだ。モデルのルールは形式を問わないし、大ざっぱでも細かくてもかまわない。なのになぜか、この世界のモデリングには数学的ルールを使うのがいちばんということが多い。数学的ルールはびっくりするほど精度よく機能するし、同じルールがいろんな場面に顔を出すこともある。

ちなみに、ほぼすべてのケースで先に出現したのは数学だ。いつの時代の純粋数学者も、何であれ興味を持ったことを研究していただけ。なのにたいていそのあとどうなるかというと、その新しい数学分野が発見されて研究された数百年後、まさにその概念と成果を必要とする経験的な科学分野が新しく現れる。数学者は数学をこの世界に合わせて考え出しているわけじゃない――そこにある数学を発見するたび、じつはこの世界もまさにそうなっているとあとから気づいているんだ。

なぜそういうものなのか、どう説明できるというんだろう。どうしてこの世界は数学的なモデリングにこうも適しているか。

いちばん正直な答えとしては、確かなことは誰にもわかっていないということだ。このテーマは数理哲学者のあいだで白熱した議論の的になっていて、僕に答えを知っているふりをするつもりはない。それでも、純粋数学の世界で広く支持されていそうな説が1つある。それを進んで表立って説く数学者はいないけど、そう思っている数学者が多いと言ってかまわなさそうなくらい大勢から聞いたのが、こんな意見だ。

もしかすると、自然界で数学的なパターンが発見されるのは、そもそもこの世界が数学でできているからかもしれない。この宇宙の性質は根っから数学的で、その振る舞いを完璧に書き表すいわゆる統一真理モデルが存在するのかもしれない。

　はっきり言って、正気の沙汰とは思えない意見だ。でも、数学者の言い分を聞いてほしい。

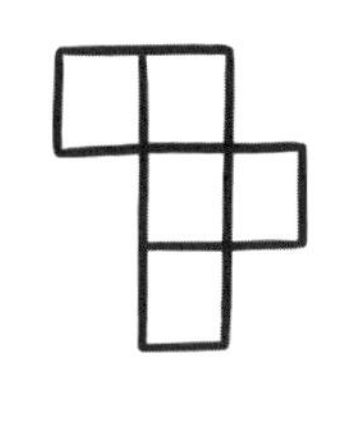

オートマトン

Automata

世界が数学でできているとは、いったいどういうことか。この発想にも一理あることは説明させてほしい。

数学をもとにつくり出された世界なら、君も見たことがあるはず。シミュレーションの舞台がそうだ。そこはたいてい、あまり多くのことが起こらないささやかな世界で、2～3 個の対象が予測どおりの振る舞いをしながら、決められたシナリオを体現する。予測なんかできそうにない複雑に入り組んだ僕らの世界とはかけ離れているけど、何事にも出発点が必要だ。

数学者がシミュレーションを考え出したのは、それを実行するためのコンピューターが登場するずいぶん前のことだった。とびきり単純なシミュレーションなら、手計算でできる――紙と鉛筆を使ったひまつぶしのゲームみたいにね。この程度のものはふつう、「シミュレーション」じゃなくて「オートマトン」と呼ばれているけど、発想に違いはない。すべての対象について動き方のルールがあらかじめ決められていて、出発点の設定を選んで実行して、何が起こるかを確かめる。

手計算でもできる単純なシミュレーションをやってみよう。世界は四角で区切られた１車線道路だ。

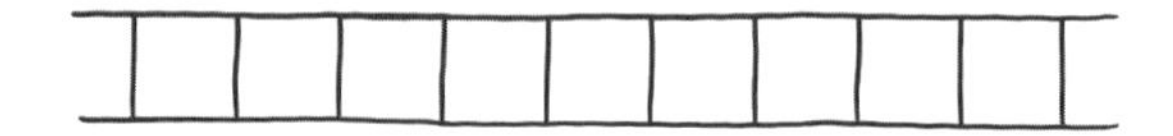

対象は車が１台だけ。その車はこんな移動ルールに従って動く。

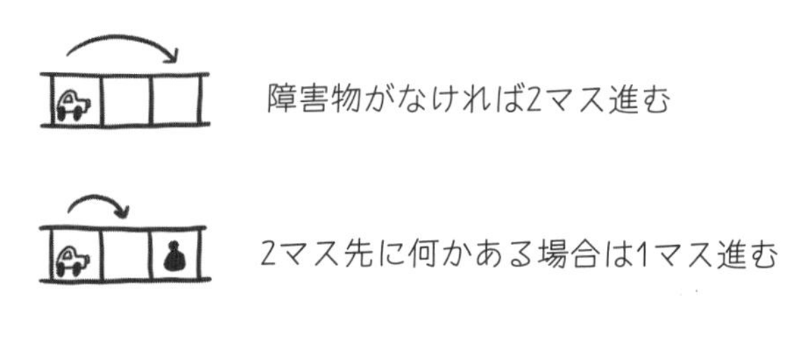

障害物がなければ2マス進む
2マス先に何かある場合は1マス進む
次のマスが埋まっていたら動かない

道路に車を１台だけ置いて「再生ボタンを押す」とどうなるだろう？　想像するのは簡単だ。

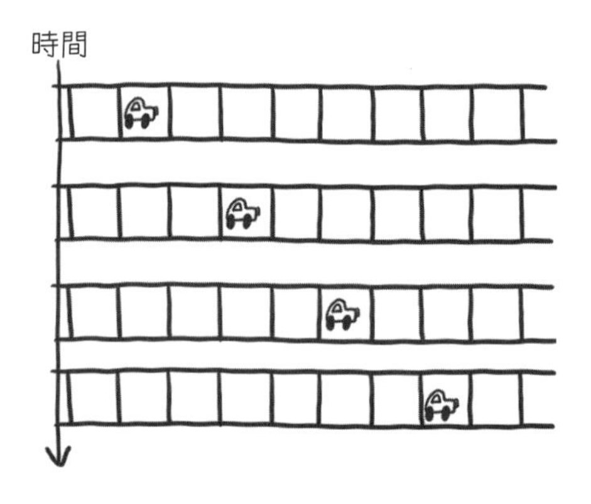

車が5台連なったところから始めるとどうなるか。作業は少し増えるけど、そう大変じゃない。どこまで動くはずかを確かめる、という作業を時間ステップごとに1台1台の車について繰り返せばいい。この作業で君はコンピューターの代わりをする。初歩的な計算機になるんだ。

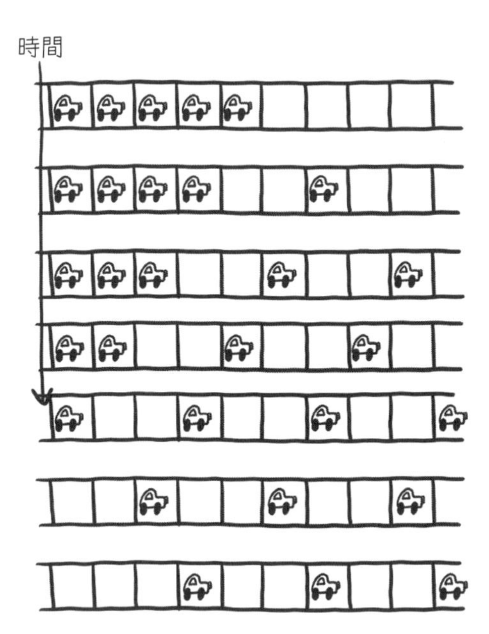

これはとても基本的な（1次元で、離散的で、決定論的な）オートマトンだけど、実世界の現象の中にはこれで十分に再現できるものもある。たとえば、「眺めのいい場所」についてのルールを足してみよう。

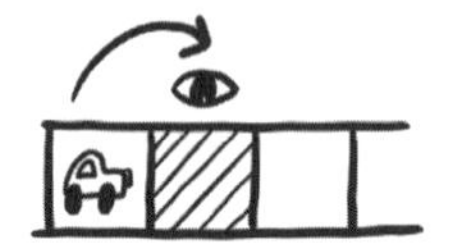

眺めのいい場所を通る
ときは1マス進む

じゃあ、中2マスの間隔で無限に連なる車の1台目が眺めのいい場所にさしかかったところから始めよう。

…

このシミュレーションを実行するとどうなるか。

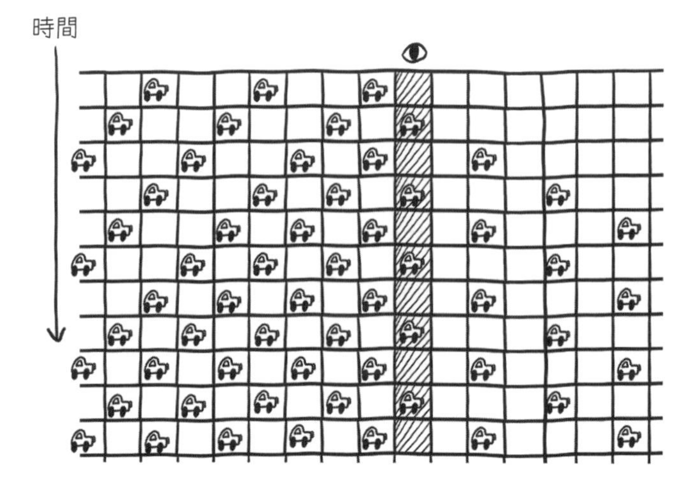

このルールの影響が波のように広がって、後ろに続く車のスピードが落ちるけど、そこを通りすぎた車は元のスピードに戻る。わりとそれらしいと思うけど、どう思う？　オートマトンとは、言ってみれば動きを与えられたモデル、命が吹き込まれたモデル

だ。

気が向いたら、僕の計算結果を確かめてみてほしい。どの車も時間ステップごとに4つの移動ルールに従って進む。このシミュレーションをグラフ用紙であらためて実行してみてもいいし、別の初期配置から始めるとどうなるかを確かめてみてもいい。こういう作業に対する感じ方は、単調で苦痛だとか、面白いし癒やされるとか、人によっていろいろだろう。

これでもまだ「単純すぎて実世界とはほど遠い」ほうだ。基本パターンだったら何かしら再現できるけど、誰でも知っているとおり、現実のドライバーは決まった4つのルールどころじゃなく複雑で、気が散ることもあれば、体がむずむずすることもあるし、行きたい場所もある。それに、正真正銘の「万物のモデル」を目指しているなら、道路を走る車のほかにも、車をかすめ飛んでいく鳥や、エンジンの振動、国際情勢に、この先の町でまどろんでいる誰かの左の手のひらの血管の脈動なんかを再現しなきゃならない。この車の例みたいな基本的なオートマトンは見るからに力不足だ。

だけどそれでOK！　肩慣らしを始めたばかりなんだから。次は、歴史上いちばん有名なオートマトンを見ていこう。これも実世界からは途方もなくかけ離れているけど、発生する振る舞いを見れば、この世界はとても複雑なオートマトンだという説がもっともらしく思えるかもしれない。

このオートマトンはとてもそれらしく、「ライフゲーム」と呼ばれている。

車の例と同じく、世界は正方形のマス（ライフゲームではよく「セル」という）で区切られていて、2次元の格子がどの方向にも無限に広がっている。それぞれのセルが取れる状態はオンとオフの２つ。車の例とは違って、セルは実世界の何かを表しているわけじゃない。オンかオフ、白か黒、塗りつぶされているかいないか、というどっちかの状態を取れる正方形というだけだ。

ライフゲームでは、すべての対象の振る舞いが３つのルールで決められている。ひとつひとつのセルが次の時間ステップ（ライフゲームではよく「世代」という）でオンとオフのどっちになるかは、いまの世代での（対角線方向のセルを含めた）まわり８セルの状態に応じて決まる。

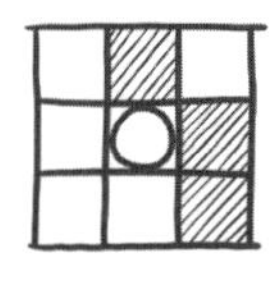

オフのセルは、隣接するオンのセルがぴったり３つの場合にオンになる

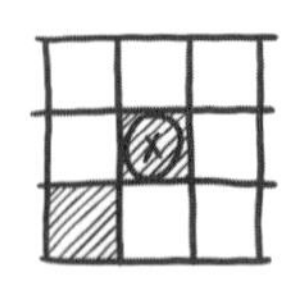

オンのセルは、隣接するオンのセルが１つ以下の場合にオフになる

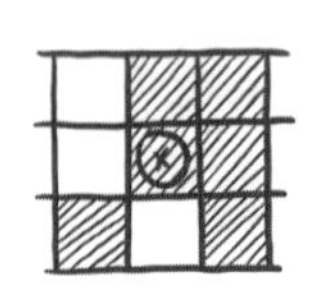

オンのセルは、隣接するオンのセルが４つ以上の場合にオフになる

世代ごとに確認しなきゃいけないセルが多くて、このオートマトンを手作業で実行するのはちょっと面倒だ。だけど、頭の中を整理して、一貫性のある書き表し方を考えてやれば、どんな初期配置からでもシミュレーションを始めて、どうなるかを確かめられる。

初期配置によっては、安定した状態に落ち着いて、その状態をいつまでも保つ。

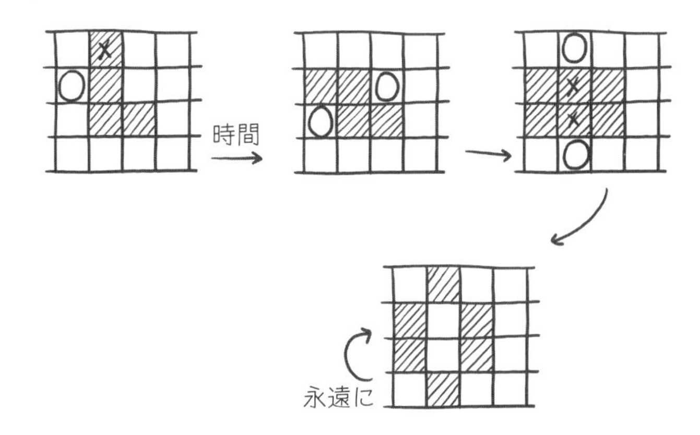

あっというまに消えてなくなることもある。

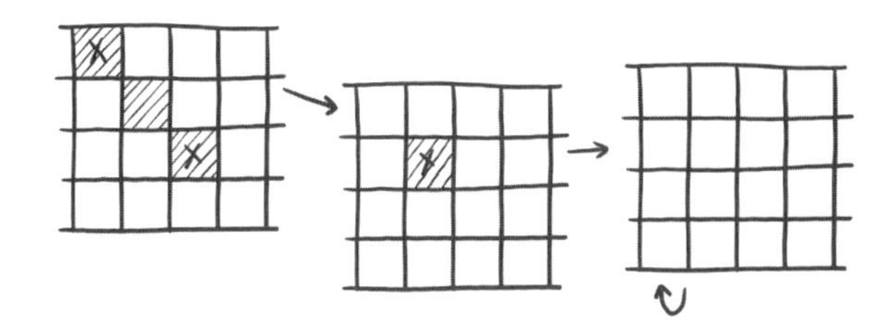

「ブリンカー（点滅器）」になって、2つの状態をいつまでも行き来することもある。

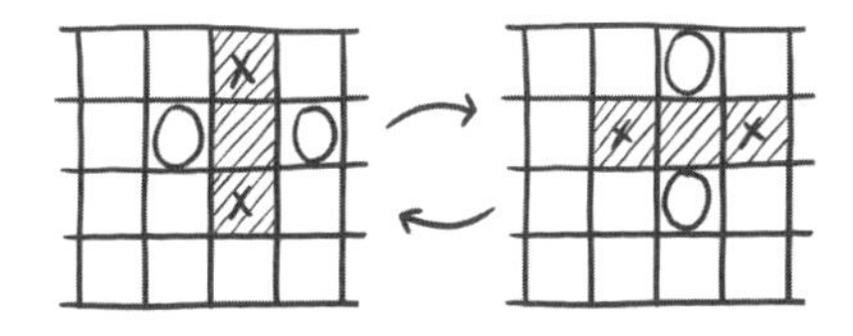

「グライダー」になって、同じ初期配置に戻りながら右下へ移動することもある。

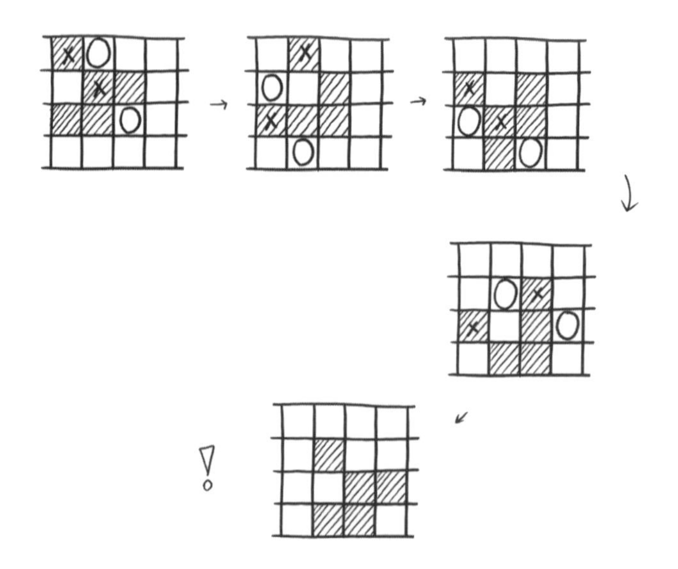

「グライダー」と呼ばれるのは、このサイクルを繰り返しながらステージを滑るようにどこまでも進むからだ。

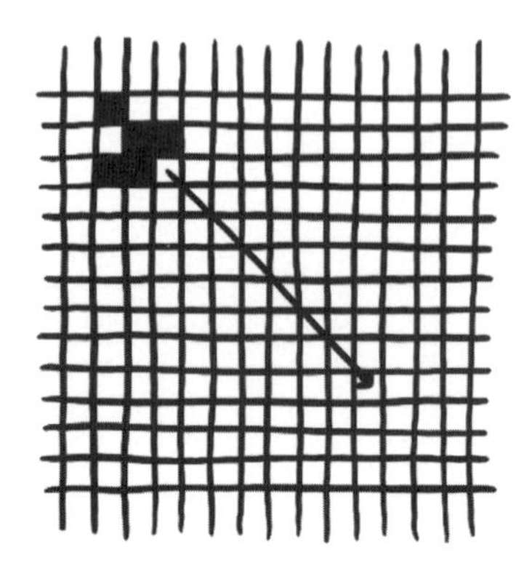

そして初期配置のなかでも……

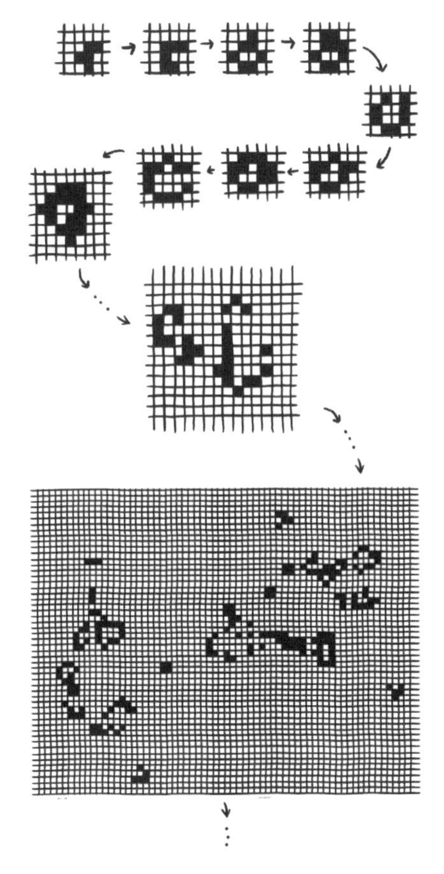

「R ペントミノ」というこの 5 セルの初期配置は、作用しあう部品からなるエコシステムへと一気に発達して、動かない物体やブリンカーをつくったり、グライダーを発射したり、進化と成長を続けたりしながらステージの広い範囲を覆っていく。1103 世代後にやっと安定な繰り返しパターンに落ち着くけど、それまで

の世代の様子は、何というか、生きているように見える（もう手計算はすすめない）。

ライフゲームでこういうことは珍しくない。それなりにシンプルな初期配置からカオスな世界が自然と生まれて広がって、安定した形の構造体が時間とともに意表を突く面白い形で動いたり作用しあったりするんだ。どこかで聞いたような話じゃない？

初期配置の中には、グライダーを決まった周期で繰り返し発射しながら無限に成長するものがある。「ロビン卿」というパターンは、チェスのナイトの駒に似た形でステージを移動していく。「ジェミニ」というパターンは、100万単位の世代後に自分そっくりのレプリカを計算で生み出す（そう、こういうパターンを探すのを専門にしている熱狂的なオンラインコミュニティーまであって、毎年パターン・オブ・ザ・イヤー賞を発表している）。白と黒のピクセルからなるマス目で繰り広げられる様子が想像できそうなどんな振る舞いにも、そうなるようなパターンが存在する。

「この世界」と言うにはこれでもまだシンプルすぎると思うかな？　それはたぶん間違っていない。僕らが暮らしているのは平らで離散的な白黒の世界とは違う。このライフゲーム――このステージとさっきのルール――は独断で選ばれたものだし、選ばれた理由も、現実を反映しているからじゃなくて、試しやすいからだ。なので、好きなルールに従うオートマトンを新しく考え出してかまわない。

たとえば、ステージの区切りが六角形のオートマトンをつくってもいい。

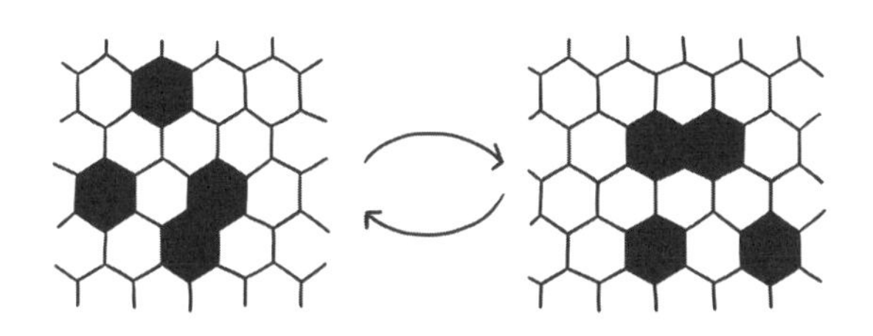

セルの状態が3つ以上あるオートマトンもありだ。

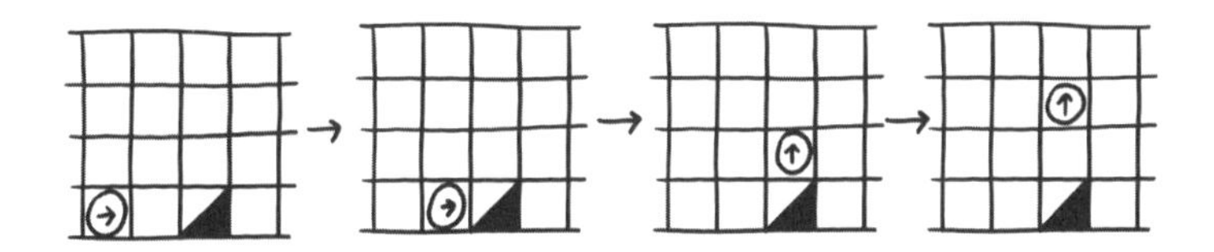

どんなルールを選ぶかによって、できあがる架空の世界が途方もなくいろんな振る舞いを見せる可能性が出てくる。どんな配置から始めてもすぐに何もなくなる世界もあるし、たった1ピクセルからビッグバンみたいに爆発的に広がる世界もある。

ピクセルでできていることが気に入らなくても大丈夫。連続的なステージで実行するオートマトンだってつくれる。その場合、ゲームのルールの判断基準は「オンになっているまわりのピクセルの数」じゃなくて、「オンになっているまわりの環境の割合」だ。次の図は「スムーズライフ」という名前のオートマトンで、シャーレでの培養の進行に妙に似ている。

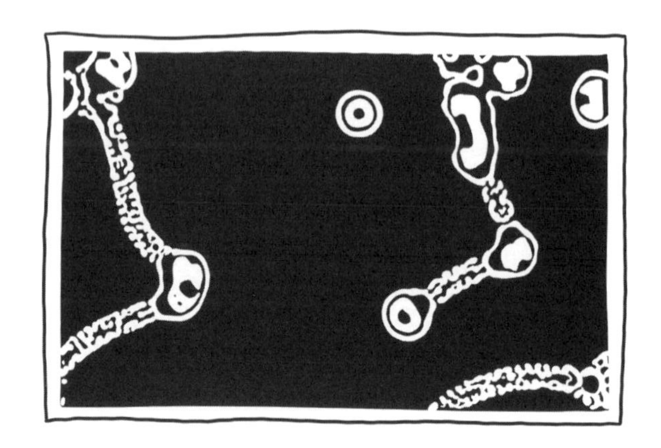

ここではオートマトンの大分類から例を1つずつしか紹介していないけど、選択肢に限りがないことは忘れないでほしい。世界の設定に使う次元と空間、そして基本的な対象というかセルの状態をどう選んでも、考えられるルール一式の組合せは無限にある。対象の動きと進化は、連続的でも離散的でもいいし、決定論的でも運任せでもいいし、時間ステップごとにまわりの状態だけで決まっても世界全体の状態の影響を受けてもかまわない。どれかのルールでパラメーターを1個、少し変えただけで、びっくりするほどいろんな世界が展開される。

たとえば、次のような連続的なオートマトンの例には「クリスタリン」という名前が付けられている。

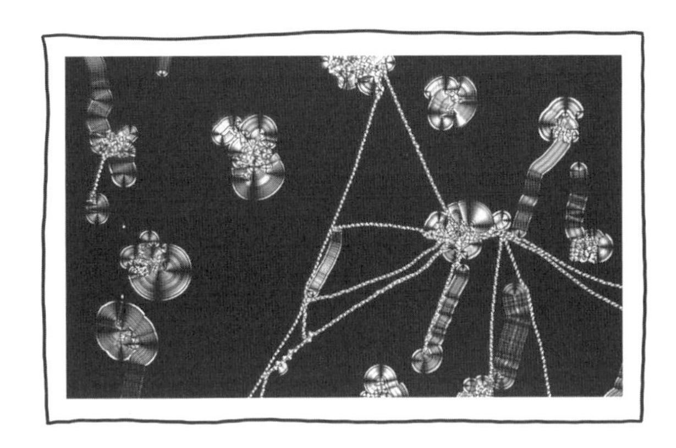

というのは冗談で、これはオートマトンじゃなく、実世界の液晶の顕微鏡写真だ。

どうだろう、これをつくるオートマトンが世の中にあると想像するのは、難しいことだろうか。

この画像からわが身の存在を揺るがしそうな居心地の悪さを感じるなら、この段落は現実世界のネタバレがあるので注意してほしい。最後の〈科学〉では「素粒子物理学の標準モデル」と呼ばれている特殊なオートマトンを紹介するつもりだ。それは連続的な 3 次元オートマトンで、17 種類の基本的な対象と 12 個くらいの進化ルールからなっている。決まった開始条件で再生ボタンを押すと、なんとも気味の悪いことが次々起こる。

標準モデルは、この世界を数学の言葉だけで再現するものとしては、いま存在している最善のモデルだ。完璧ではないけど、「不気味なほど」と形容したくなるくらい完璧に近いモデルで、現実の怪しい夢バージョンとも言えそうだ。君の宗教観にもよるけど、日常生活を妙な夢だと思わせるような新しい高次元の現実だと感じるかもしれない。

そんなものは見たくないというなら（神様のソースコードをのぞき見したくないという願望は、しごく真っ当だ)、この本をここで閉じることをおすすめしたい。僕は傷つかないから心配しないで！　楽しく読めたとか、いくらか学びがあったとか思ってくれていたら嬉しい。ということで、この本はおしまい。今週このあとも元気で！

さて、ぜひ見てみたいという君、ピクセルが見えるまでズームインしたいという君は、このまま読み進めてほしい。最後の〈科学〉はそんな君のためにある。でも、前もって言っておく。ここから先の内容は真理でさえない。不合理なくらい役に立つ、1つのものの見方だ。

科　学

Science

これから説明するのは、標準モデルと呼ばれている数学ゲームのルールだ。ただし、すっかり確定してはいない。それどころか、いま研究されているモデルが厳密に正しいわけじゃないことがわかっている。でも十分それに近い。ということで、ゲームのルールを説明しよう。

出発点は空っぽの3次元空間だ。具体的にはどんな空間？　わかっていない——覚えているかな？　トポロジストがまとめた3次元空間のカタログには、近場がこの世界と同じに見える空間が山ほどある。宇宙論者も、彼らなりのモデルと前提を一式考えて、それをもとにこの宇宙の形を突き止めようと研究してきたけど、ここでの目的とはあまり関係ない。ここで取り上げるのは、基本的で、無限に広がる、湾曲していない3次元空間、とだけ言っておこう。

とにかく広くて空っぽの空間があるとしよう。この空間ではどの点にも、限りなく小さい点みたいな対象を置ける。それを「素粒子」と呼ぼう。空間は連続的なので、まさにどの点にも置ける。正方形のセルはない。ここで、素粒子と呼ばれる対象を、光り輝くごくごく小さい球だと考えたりしないように注意しよう。ここでの素粒子は文字どおりただの点で、空間をこれっぽっちも占めていない。大きさゼロの数学的な点だ。

素粒子はどれも同じにできているわけじゃなく、振る舞いを左右する性質に少しずつ違いがある。素粒子をつくるときは「質量」（正の数）と「電荷」（正の数、負の数、またはゼロ）を必ず指定しなきゃいけない。そして、質量と電荷は自由に選べるわけじゃなくて、選べる組合せは 17 通りしかない。この組合せの素粒子は「17 種類の基本粒子」と呼ばれていて、それぞれ「チャーム・クォーク」とか、「タウ・レプトン」とか、かわいらしい名前が付いている。

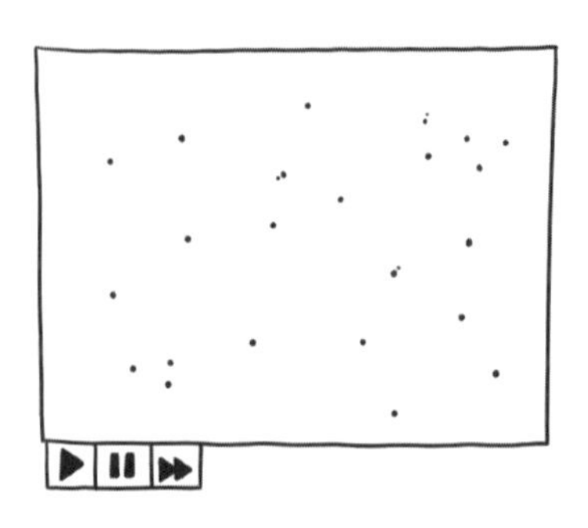

再生ボタンを押すと、素粒子に何が起こるか。素粒子は空間内を動いて作用しあう。オートマトンの例にもれず、このモデルでもはっきりした計算ルールがあって、粒子それぞれが次に何をするかが決まっている。素粒子はたいていとても高速に、そして直線的に動いている。唯一の例外は作用しあうとき。具体的には、

素粒子が崩壊するときと、2 個の素粒子がとても接近したときだ。それが起こったら、相互作用の便利な早見表に照らして、次に何が起こるかを確認しなきゃいけない。作用しあう素粒子に応じて、衝突してばらばらに飛び散ったり、合体して 1 個の粒子になったり、（十分高速でぶつかれば）新しい粒子を勢いよく発射したりする。

興味が出てきた君のために、標準モデルで基本粒子どうしが作用しあうとどうなるかをまとめてみた。

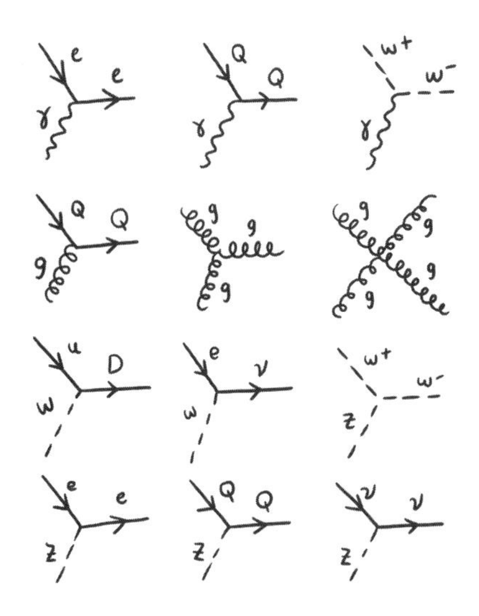

たとえば、左上隅の図では、電子（e）が光子（γ）を吸収し、進路を変えている。こういう作用は逆もありえて、電子が光子を放って進路を変えることも考えられる。

細かいところはぼかしたけど、このほかにはあまりやりようがない。セルの数さえわかれば次にどうなるかがわかるライフゲームとはわけが違う。標準モデルで素粒子がどう作用しあうかについての正式なルールは、正直言ってわけがわからない。その計算には連続体和とか虚数とか結合定数とか、物理学専攻の大学院生が徹夜で取り組むようなとんでもない計算がいろいろ関わってくる。プロセスはシステマチックだけど、きれいでも単純でもない。

君の時間と学費を節約するために、手短にまとめてみよう。素粒子をいくらか空間にばらまいてシミュレーションを実行するとどうなるか、大ざっぱに説明するとこうなる。

最初の瞬間、とんでもない量の活動が一気に起こる。17 種類の素粒子はほとんどが不安定で、ほぼすぐに作用しあって崩壊し始め、分裂してもっと小さくて安定した素粒子になる。この最初の爆発的な反応を生き延びるのは数種類の素粒子に限られていて、そのうち注目しなきゃいけないのはアップ・クォークとダウン・クォークと電子の 3 種類だけだ。

次に、時間とともにパターンが現れてくる。クォークが 3 個 1 組になりだすんだ。クォーク 3 個が一塊にならなきゃいけない、という法則は標準モデルにないのにそうなる。クォークのトリオどうしはこの寄り集まった状態を保ちながら作用しあう。ライフゲームのときと同じで、同じ基本ルールを繰り返し当てはめているだけなんだけど、時間とともに安定な構造ができ始める。

トリオを組むという傾向はとても強くて、最初の騒ぎが落ち着くと、クォークを単体で目にすることはほとんどなくなる。決まって 3 個組になっているんだ。6 個組とか 9 個組とか、3 の倍数単位でかたまることもあるけど、たいていは 3 個組になっていて、3 個まとまって直線的に飛んでいる。この段階になると、「クォーク」という呼び名はあまり便利じゃなくなる。クォーク 3 個の塊をまとめて扱ったほうが楽だ。そこで、新しい呼び名をつくる。アップ・クォーク2個とダウン・クォーク1個の塊を「陽子」と呼ぼう。ダウン2個とアップ1個は？　「中性子」だ。

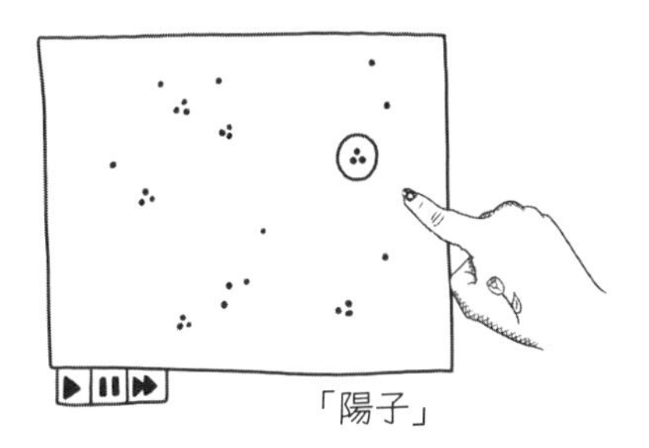
「陽子」

このあとどうなるか。パターンや規則性がもっと現れる。

眺めているうち、正電荷と負電荷は一緒に漂うのに、同じ電荷どうしは離れて漂うことに気づくだろう。こうならなきゃいけないというルールもない。ここにある素粒子はあそこにある素粒子の電荷を「知っている」わけじゃなく、近場にあるほかの素粒子と作用しあって、そのたび進路を変えているだけだ。こういう進路変更には偏りがあって、それが時間とともに積み重なる。正電荷なら、負電荷には近づくほうへ、ほかの正電荷からは離れるほうへ、と少しずつ動いていく。

ただし、進みがとてもゆっくりだから、シミュレーションの処理速度を上げよう。するとはっきりと、ゆっくり漂う動きが引っ張られている動きに見えてくる。電子（負電荷）が陽子（正味で正電荷）に向かって猛スピードで近づいていく。距離が近づくほどスピードが上がり、勢い余って陽子をかすめる。通りすぎると、陽子に今度は引っ張られてスピードを落とし、そのうち向きを変えてまたかすめる。それをいつまでも繰り返し、陽子に引っ張られながらブンブン飛び回る（巻末参照）。

この現象が空間のあちこちで、陽子と電子が出会うたびに起こる。この構造はとてもよく見られるので、「陽子に引っ張られながらブンブン飛び回る電子」よりも短い名前を付けたくなるかもしれない。たとえば「水素」とか。

さっきも言ったけど、クォークが6個組とか、9個組とか、もっと集まった大きな塊になることもある。まれなケースだけど確実に起こって、軌道に電子をたくさん引き込む。そうしてできるちょっとしたシステムそれぞれに名前を付けるのもいい。塊に含まれる電荷の合計に応じて「酸素」とか、「塩素」とか、「金」とかね。

このあとどうなるかは、もうわかったかもしれない。時計の進みを電子がぼやけるくらいにまで速めると、そのシステム全体（「原子」と呼ぼう）が空間をゆっくり漂うのが見えてくる。すれ違っても互いに相手にしないこともあるけど、くっついて一体となって漂い始めることもある。眺めていると、水素どうしはペアになって一緒に漂うのが大好きだとか、酸素は水素２個を両脇に従えて漂うのが好きだとか、少しずつわかってくる。

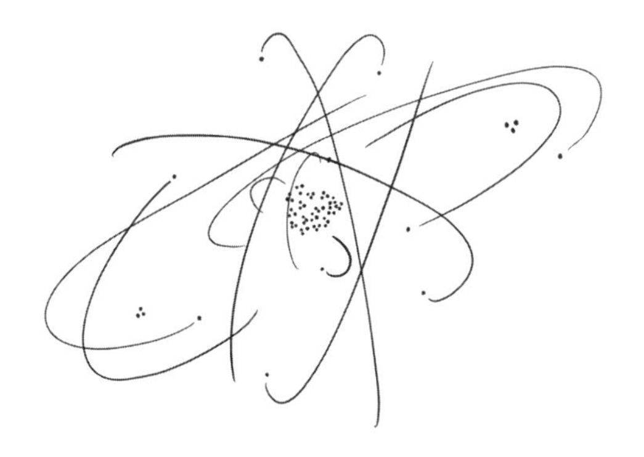

「水」

ここまで、新しいルールは何も付け加えていない。同じシミュレーションを繰り返し続けているだけだ。目にする「新しい」現象は、どれもその土台となるルールで必ず説明できる。たとえば化学結合は、電子が作用しあうときのルールに電子が従った結果だ。水素が２個一緒にいると、それぞれの電子が自然と両方の陽子のまわりを回り始めて、２個をつなぎとめる。カメラを引いて再生速度を上げると初めて、まるで「水素は対をなして運動する」という新ルールがあるみたいに見えてくる。

この話の向かう先はもう見えているだろうから、手っ取り早く言おう。この新しいメガ構造体――「分子」――も予測どおりの振る舞いを見せて、ときには超特大のメガ分子をつくる。脂肪、タンパク質、脂質、リボ核酸なんかがそうだ。それぞれに独自の性質と振る舞いがあって、それがまた「細胞小器官」というもっと大きな構造体をつくることもあるし、それらが1つにまとまって「細胞（セル）」というまたさらに大きな構造体をつくることもある。カメラをもっと引いて、処理速度を上げよう。細胞には単独で漂うものもあれば、作用しあって「器官」や「組織」と呼ばれる単位をつくるものもあって、そのなかにはさらに作用しあって「有機体」と呼ばれる単位をつくるものもある。有機体によっては集まって塊をなして社会的なグループとか団体とかをつくって、それが集まって階級や部族をつくって、それらどうしが作用しあって1つの社会集団がつくられる。社会集団間でのやり取りは歴史と呼ばれて……このあたりでやめておこう。

話をここまで引っ張れたのは、作り話だからだ。どう考えても話を盛りすぎている。物理シミュレーションを延々と実行して、人間社会ができるところまでたどり着いた人なんかいないし、基本的な細胞構造が生まれるところまでこぎ着けた人すらいない。できるはずない。不可能だ。データを保ち続けなきゃいけない対象が、それこそこの宇宙に存在する粒子の数だけあるわけだから、まるで容量が足りない。

さっきのは作り話ではあるけど、本当の話かもしれない！　少なくとも、本当のことがたくさん盛り込まれている。この連鎖の段階それぞれは、大成功を収めている科学モデルがもとになっている。化学者は水の組成を水素2個と酸素1個だと思っていて、この説をもとに間違った予測がなされたことはない。有機体から先にしても、行動経済学者は人間の経済行動を心理学的な要因と神経学的な要因で説明できると考えている。長距離のリレー競技のようなもので、いろんな研究分野が周回ごとにバトンをつないでいる。

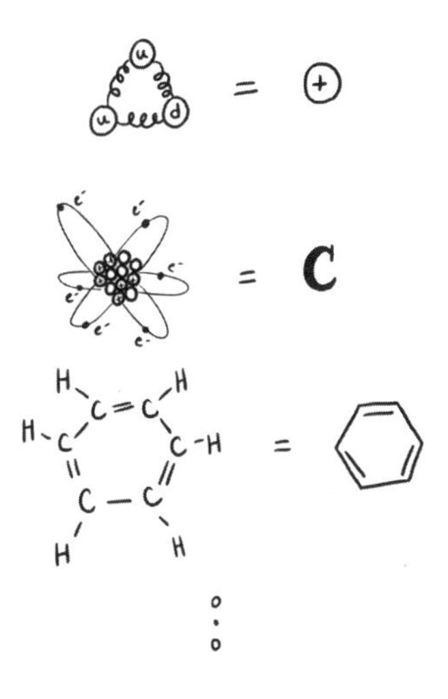

でも、これが話のすべてじゃないという見方もまったく理にかなっている。人類の理解には穴があって、穴がある理解なんて怪しいと思うかもしれない。人間の振る舞いが神経回路での電子の閃きからどうやって生まれるか、そのしくみが**具体的**にわかっているとは誰も本気では言えない。この発想は人工知能のおかげで妥当だと思われているけど、正確なしくみは突き止められていない。こういう現状を口実に、何かほかのことが起こっていると主張することもできるだろう。人間の脳のレベルで何かしらの秘策を足す必要があって、それはクォークや電子が作用しあうことじゃ説明できない、とかね。

それでも、僕が話を聞いてきた数学重視の人たちのほとんどが、この話にとても近い内容が正しいと大筋では考えているみたいだ。穴は一時的なものでいつかは埋まる、と彼らは信じている。いままでいろんな物事がシンプルな数学モデルで説明されてきた。天体の運動、地球上の生命の多様性、自然災害や天候、太陽系全体の形成などなど。ほかは違うと考える理由なんてないのでは？

哲学者はこの世界観を「自然主義」とか「科学的自然主義」とか呼んでいて、その意味合いについては考える価値がある。この考え方のとおりなら、科学的自然主義が正しいのなら、現実の何もかもが決まった数学的ルールに従っていることになる。この宇宙全体が入念に微調整されたオートマトンと同じに違いないんだ。君の身の回りで（そして体内でも）起こっていることがぜんぶ、自然法則とこの宇宙の初期設定から数学的に直接導かれることだってわけ。

かなりイカれた発想だ。

控え目に言っても、哲学上の大問題が持ち上がる。この自然主義者的な見方の何かしらのバージョンを受け入れるなら、明日の通勤・通学中にあれこれ考えてみてほしい物事が3つある。

まず、そうした数学的ルールは、この宇宙の成りゆきを何らかの形で支配している現実の、正真正銘の自然法則なのか？　それとも、この宇宙が存在して時間とともに変化することは無条件に受け入れなくてはならない事実であって、その「ルール」は人間がこれまで発見してきたパターンでしかないのか？

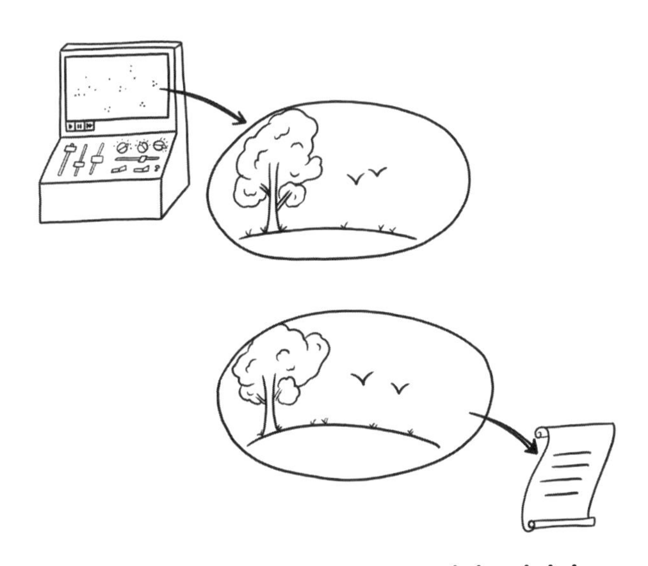

次に、どっちだったとしても、どうしてその「ルール」？　どれもなにしろヘンでテキトーに思える。どうしてこの宇宙は存在してほかの宇宙は存在しないはずなのか？　考えられる数学的宇宙はどれも、この宇宙と同じように存在するのか？　それとも、僕らの世界は何かしらの意味で特別で、具現化できる世界の中からただ１つ選ばれたのか？

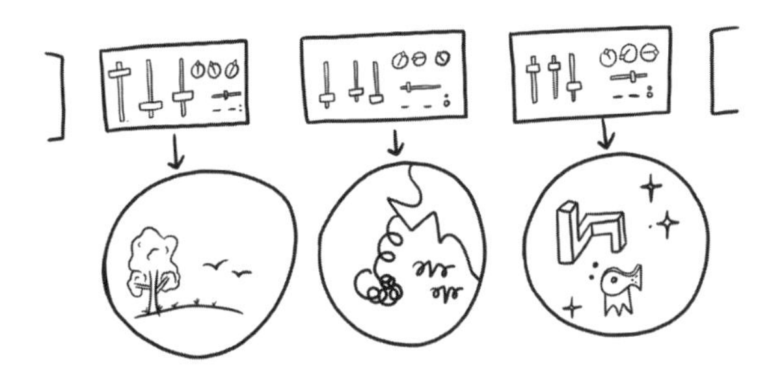

何もかも数学的ルールの話なんだとしても、そして僕らは本質的に1つの巨大でとてつもなく複雑なシミュレーションの中で生きているんだとしても、長年の大問題への答えはやっぱり出てこない。そのシミュレーションのプログラミングに意図、デザイン、計画、知性、先見、欲望、温かみ、気づかいは何かしらあるのか？

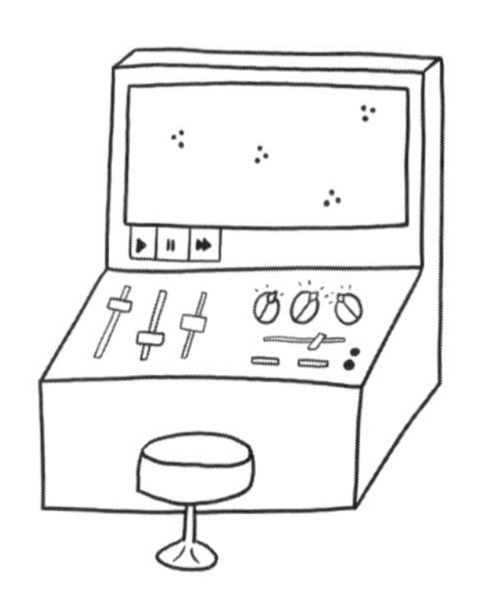

僕はこの疑問への答えが近々見つかるとは思っていない。それに、こうした疑問にふつうの意味での「答え」はないかもしれないとさえ思っている。結局、人類が手にしているのは自分たちで考えたモデルだけだし、それぞれ当てはまる範囲が限られている。

標準モデルは間違いなく、音楽理論や経済モデルよりも高みを狙っている。数値予測は小数点10桁を上回る精度だし、実験ではそのとおりだということが繰り返し確かめられている。自然界で見られる現象ほぼすべてをそれ1つで説明し、ほかのモデルが描くいろんなイメージをまとめ上げたり深めたりしている。そして、このモデルに付いて回る一大物語、途方もない数の微小な点がぶつかりあう現実というこのビジョンに、たくさんの人が美を、自分の小ささを、さらには畏怖の念を感じている。

でも、万物のモデルにはなっていない。盲点がある。たとえば、いまの標準モデルではなんと重力を説明できない！（ひも理論の研究者が、このきまり悪い手落ちをなんとかしようとがんばっている）

現実をこうも忠実に再現する数学的対象を人類が発見できたことは、驚きではないのかもしれない。数学理論の最終目標は、考えられるあらゆるモデルを、考えられるあらゆる構造や形やシステムを、いろんな形の論理や議論を、一堂に集めて分析すること。つまり、想像の範囲内や範囲外の何かをすべて、共通の言語に、1つの普遍的な表記と手法一式に翻訳することだ。そんなプロジェクトは、一見すると無茶で不可能に思える。数学が日常的な現象をうまく説明したり予測したりし続けていることは、人類がすっかり理解できてはいない不思議な神の恵みだ。

少なくとも、あれこれ考えてみる価値のある面白いことなんだ。

厳密なことを言うと……

23 ページ：じつは、多様体はコンパクト多様体と非コンパクト多様体とにも区別しなきゃいけない。このリストはコンパクトなシート状の多様体を残らずあげたものでしかない——ただし平面は例外で、非コンパクトだ。非コンパクト多様体にはほかにも、無限に続く円筒のような無限多様体とか、二次元の場合なら、なぜか縁だけがない円板、というような、目に見えない「開」境界を持つ多様体とか、大きさは有限だけど穴が無限にあるトーラスのような奇妙な多様体とかがある。

61 ページ：長さが有限の連続体にある 2 つの端点はどことも 1 対 1 対応にならないから、じつは完璧な一致じゃない。あの証明が示しているのは、長さが有限の連続体の大きさは長さが無限の連続体以上ということ。でも、明らかに、長さが無限の連続体の大きさは長さが有限の連続体と同じ大きさ以上だということも言えて、ということはこの 2 つの大きさは同じに違いない。

69 ページ：この名前の付け方には少しばかり問題がある。LRRRRR……と RLLLLL……がどっちも、この連続体の同じ（ど真ん中の）点を指すことだ。それどころか、ぴったり二分位、ぴったり四分位、

（続き）

ぴったり八分位……の点にはどれにも番地が2つ存在する。なので、連続体上の点の数がLR番地の数と同じかどうか、実際のところはわからない——少ないかもしれない。

LR番地と少なくとも同じ数だけ点があることを証明するために、別の名前の付け方を考えてみよう。今度はLを左、Mを中央、Rを右として、2つにではなく3つに分ける。この新しい名前の付け方でもそれぞれのLR番地はやっぱりどれかの点に対応しているけど、今度は重複がない（たとえば、さっきのLRRRRR……はこの新しい名前の付け方ではMLLLLLという違う名前になっていて、これはLR番地じゃない）。だから、LR番地と少なくとも同じ数の点が存在する。

81ページ：当てはまるのは、球面と（トポロジー的に言って）同じ形をした器ぜんぶだ。たとえば、ドーナツ形の器だと、その内部に不動点のない流れを含むことができる。この定理はどんな次元でも成り立つ。

112ページ：それから、「ループ」があってもいけない。この定理の証明が成り立つのは、同じ盤面を無限に繰り返すことのないゲームに限られる。でも、「繰り返しによる引き分け」ルールが決められているゲームはたくさんあって、それなら、この定理は

(続き)

やっぱり成り立つ。

130ページ：とはいえ、素数についての事実を実際に証明するためには、「素数」とは何かを厳密に定義する公理をいくつか付け加えなければいけない。図にあげたのは5つの基本公理というだけで、新しい概念を使いたくなったら、そのたびにほかの公理が必要になる。

182ページ：1日の長さは厳密な単振動にはなっておらず、実際にはその精度の高い近似になっている。小さな誤差項があって、赤道から離れるほどその影響が大きくなる。この近似は北極と南極ですっかり破綻して、太陽は何ヵ月も水平線や地平線のあたりを回り続ける。

204ページ：ここでの説明からは、標準モデルのある大事な要素が省かれている。ルールが実際にそのとおりだったら、電子はエネルギーを少しずつ失って核へと近づいていくだろう。そうならないように、実際の標準モデルでは、「量子」というエネルギーの最小単位を決めてある。

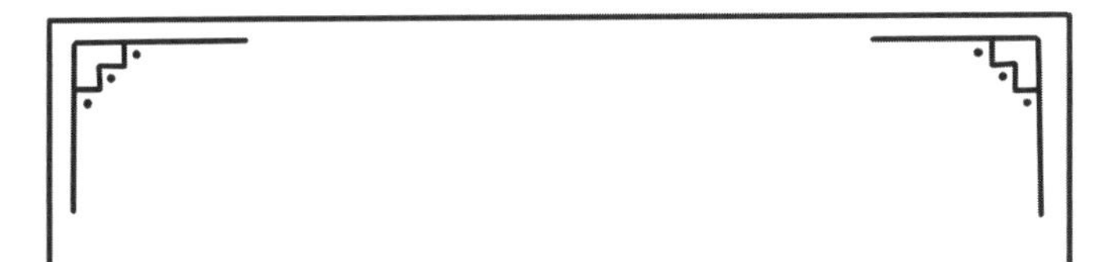

最後にひと言

この本にはおまけのパズルが隠されている。

答えは数だ。

さて、いくつか？

ヒント：隔たりをひらがなに変換してみよう。

著者

マイロ・ベックマン（Milo Beckman）

幼い頃から数学のとりこになる。1995年にマンハッタンで生まれ、8歳のときにスタイヴェサント高校で数学の授業を受け始め、13歳のときにはニューヨーク市の数学チームのキャプテンを務めた。15歳でハーバード大学に入学し、コロンビア大学に進学、その後テック企業や銀行などで働いていたが、19歳で辞め、ニューヨーク、中国、ブラジルで数学を教えながら、本書を執筆した。

イラスト

m erazo

ジェンダークィアの文化人・カルチャーワーカーであり、主催者。Emulsifyの名のもと、新しい世界を癒す、学ぶ、掲げる、想像するためのアートを制作している。作品はウェブサイトemulsify.artで見ることができる。

訳者

松井信彦（まつい・のぶひこ）

翻訳家。慶應義塾大学大学院理工学研究科電気工学専攻前期博士課程（修士課程）修了。訳書に、スピーロ『ポアンカレ予想』（共訳、早川書房、2007）、スタイン『不可能・不完全・不確定』（共訳、早川書房、2011）、ハンド『「偶然」の統計学』（早川書房、2015）、ブラストランド&シュピーゲルハンター『もうダメかも』（みすず書房、2020）、ベイル『ソーシャルメディア・プリズム』（みすず書房、2022）などがある。

数式なしで語る数学

2023年5月16日　第1版第1刷発行

訳者　　　松井信彦

編集担当　加藤義之（森北出版）
編集責任　上村紗帆・福島崇史（森北出版）
組版　　　コーヤマ
印刷　　　日本制作センター
製本　　　　　　同

発行者　　森北博巳
発行所　　森北出版株式会社
〒102-0071　東京都千代田区富士見1-4-11
03-3265-8342（営業・宣伝マネジメント部）
https://www.morikita.co.jp/

Printed in Japan
ISBN978-4-627-08371-4